武汉大学
优秀博士学位论文文库
编委会

武汉大学优秀博士学位论文文库

生长因子信号在小鼠牙胚和腭部发育中的作用

Role of Growth Factor Signal in the Development of Bulbus Dentis and Jaw of Mouse

李璐 著

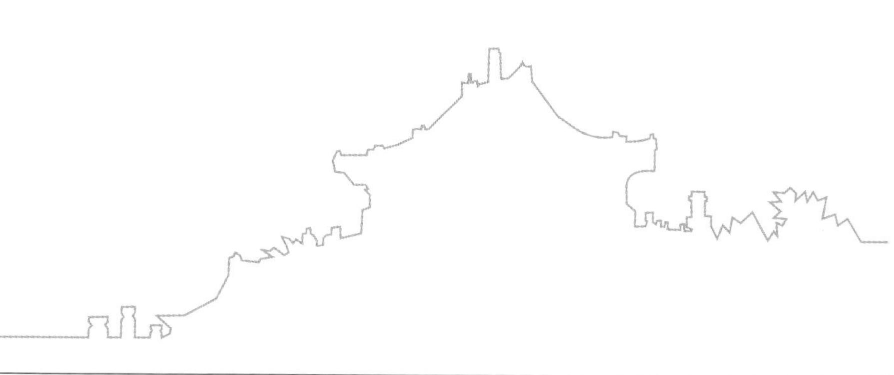

WUHAN UNIVERSITY PRESS
武汉大学出版社

图书在版编目(CIP)数据

生长因子信号在小鼠牙胚和腭部发育中的作用/李璐著．—武汉：武汉大学出版社,2015.3

武汉大学优秀博士学位论文文库

ISBN 978-7-307-14849-9

Ⅰ.生…　Ⅱ.李…　Ⅲ.小鼠—动物遗传学—实验　Ⅳ.Q959.837.03－33

中国版本图书馆 CIP 数据核字(2014)第 263728 号

责任编辑:任　翔　黄　琼　　　责任校对:汪欣怡　　　版式设计:马　佳

出版发行：**武汉大学出版社**　(430072　武昌　珞珈山)

(电子邮件：cbs22@whu.edu.cn　网址：www.wdp.com.cn)

印刷：武汉市洪林印务有限公司

开本：720×1000　1/16　　印张:10.5　字数:146 千字　　插页:2

版次：2015 年 3 月第 1 版　　2015 年 3 月第 1 次印刷

ISBN 978-7-307-14849-9　　　定价:26.00 元

总　　序

创新是一个民族进步的灵魂，也是中国未来发展的核心驱动力。研究生教育作为教育的最高层次，在培养创新人才中具有决定意义，是国家核心竞争力的重要支撑，是提升国家软实力的重要依托，也是国家综合国力和科学文化水平的重要标志。

武汉大学是一所崇尚学术、自由探索、追求卓越的大学。美丽的珞珈山水不仅可以诗意栖居，更可以陶冶性情、激发灵感。更为重要的是，这里名师荟萃、英才云集，一批又一批优秀学人在这里砥砺学术、传播真理、探索新知。一流的教育资源，先进的教育制度，为优秀博士学位论文的产生提供了肥沃的土壤和适宜的气候条件。

致力于建设高水平的研究型大学，武汉大学素来重视研究生培养，是我国首批成立有研究生院的大学之一，不仅为国家培育了一大批高层次拔尖创新人才，而且产出了一大批高水平科研成果。近年来，学校明确将"质量是生命线"和"创新是主旋律"作为指导研究生教育工作的基本方针，在稳定研究生教育规模的同时，不断推进和深化研究生教育教学改革，使学校的研究生教育质量和知名度不断提升。

博士研究生教育位于研究生教育的最顶端，博士研究生也是学校科学研究的重要力量。一大批优秀博士研究生，在他们学术创作最激情的时期，来到珞珈山下、东湖之滨。珞珈山的浑厚，奠定了他们学术研究的坚实基础；东湖水的灵动，激发了他们学术创新的无限灵感。在每一篇优秀博士学位论文的背后，都有博士研究生们刻苦钻研的身影，更有他们导师的辛勤汗水。年轻的学者们，犹如在海边拾贝，面对知识与真理的浩瀚海洋，他们在导师的循循善诱下，细心找寻着、收集着一片片靓丽的贝壳，最终把它们连成一串串闪闪夺目的项链。阳光下的汗水,是他们砥砺创新的注脚;面向太阳的远方,是他们奔跑的方向;导师们的悉心指点,则是他们最值得依赖的臂膀!

博士学位论文是博士生学习活动和研究工作的主要成果,也是学校研究生教育质量的凝结,具有很强的学术性、创造性、规范性和专业性。博士学位论文是一个学者特别是年轻学者踏进学术之门的标志,很多博士学位论文开辟了学术领域的新思想、新观念、新视阈和新境界。

据统计,近几年我校博士研究生所发表的高质量论文占全校高水平论文的一半以上。至今,武汉大学已经培育出18篇"全国百篇优秀博士学位论文",还有数十篇论文获"全国百篇优秀博士学位论文提名奖",数百篇论文被评为"湖北省优秀博士学位论文"。优秀博士结出的累累硕果,无疑应该为我们好好珍藏,装入思想的宝库,供后学者慢慢汲取其养分,吸收其精华。编辑出版优秀博士学位论文文库,即是这一工作的具体表现。这项工作既是一种文化积累,又能助推这批青年学者更快地成长,更可以为后来者提供一种可资借鉴的范式抑或努力的方向,以鼓励他们勤于学习,善于思考,勇于创新,争取产生数量更多、创新性更强的博士学位论文。

武汉大学即将迎来双甲华诞,学校编辑出版该文库,不仅仅是为武大增光添彩,更重要的是,当岁月无声地滑过120个春秋,当我们正大踏步地迈向前方时,我们有必要回首来时的路,我们有必要清晰地审视我们走过的每一个脚印。因为,铭记过去,才能开拓未来。武汉大学深厚的历史底蕴,不仅在于珞珈山的一草一木,也不仅仅在于屋檐上那一片片琉璃瓦,更在于珞珈山下的每一位学者和学生。而本文库收录的每一篇优秀博士学位论文,无疑又给珞珈山注入了新鲜的活力。不知不觉地,你看那珞珈山上的树木,仿佛又茂盛了许多!

李晓红

2013年10月于武昌珞珈山

主要缩略词表

Apalf, Apoptotic protease activation factor	凋亡蛋白酶激活因子
BMP, Bone morphogenetic protein	骨形成蛋白
BMPRIa, BMP receptor I a	骨形成蛋白I型受体 a
BMPRIb, BMP receptor I b	骨形成蛋白I型受体 b
BrdU, 5-bromo-2′-deoxyuridine	5-溴脱氧尿嘧啶核苷
BSA, Bovine Serum Albumin	牛血清白蛋白
caBmprIa, Constitutively active form of BmprIa	持续性激活的 BmprIb
caBmprIb, Constitutively active form of BmprIb	持续性激活的 BmprIa
CCD, Cleidocranial dysplasia	锁骨颅骨发育不全
Dspp, Dentin sialophosphoprotein	牙本质涎磷蛋白
E, Embryonic day	胎龄(天)
Eda, Ectodysplasin	外异蛋白
Edar, Ectodysplasin A receptor	外异蛋白 A 型受体
Edaradd, EDAR-associated death domain	EDAR 关联死亡域
EGFP, Enhanced green fluorecence protein	强化绿荧光蛋白
EMT, Epithelial-mesenchymal transformation	上皮-间充质转化
FGF, Fibroblast growth factor	成纤维生长因子
GABA, γ-Aminobutyric acid	γ-氨基丁酸
GS, Glycine-serine rich region	富甘氨酸-丝氨酸区
HE, Hematoxylin-eosin staining	苏木精-伊红染色
IRES, Internal ribosome entry site	内部核糖体插入位点
Irf6, Inerferon regulatory factor 6	干扰素调节因子 6
KLF, Krüppel-like factors	Krüppel 样因子

LRP5/6, Low density lipopro tein receptor related protein	低密度脂蛋白受体相关蛋白
MAPK, Mitogen-activated protein kinase	促分裂素原活化蛋白激酶
MEE, Medial edge epithelium	中缝上皮
MES, Medial epithelial seam	中间上皮缝
MMPs, Matrix metalloproteinase	基质金属蛋白酶
MS, Mesial segment	前部无牙区牙蕾
NF-kB, Nuclear factor kB	核因子 kB
NSCLP, Non-syndrome clef of lip and palate	非综合征型唇腭裂
OPG, Osteoprogerin	骨保护素
P, Postnatal day	新生鼠龄(天)
PBS, Phosphate Buffered Saline	磷酸盐缓冲溶液
PCD, Programmed cell death	程序性细胞死亡
PCR, Polymerase chain reaction	聚合酶链式反应
PFA, Paraformaldehyde	多聚甲醛
PVRL1, Poliovirus receptor related-1	脊髓灰质炎病毒受体相关基因 1
R2, Second rudimentary segment	后部无牙区牙蕾
RANK, Receptor activator of NF-Kb	NF-Kb 受体激活剂
RANKL, RANK ligand	NF-Kb 受体激活剂配体
R-Smad, receptor-regulated Smads	受体调节 Smads
RSTK, Receptor serine-threonine kinases	受体丝氨酸-苏氨酸激酶
Shh, Sonic hedgehog	音猬因子
TGF-β, Transformation growth factor	转化生长因子 β
TIM, Tissue inhibitor of metalloproteinase	金属蛋白酶组织抑制剂
TNF, Tumor necrosis factor	肿瘤坏死因子
TRAF6, TNF receptor-associated factor 6	TNF 受体相关因子 6

TUNEL, Terminal deoxynucleotidyl transferase-mediated deoxyuridine triphosphate nick end-labeling	原位末端转移酶标记技术

摘　　要

一、外源性FGF8蛋白可以在体外挽救无牙区牙胚发育

研究目的:小鼠牙列在牙胚的退化过程中形成了一个不长牙的无牙区,这是小鼠牙列的一个特征。无牙区牙胚的再生,为研究牙的再生和替换提供了一个极佳的模型;以前有研究发现,无牙区 FGF 信号被抑制是无牙区牙胚退化的一个原因。本研究中,在小鼠胚胎无牙区加入外源性 FGF 蛋白,观察外源性 FGF 蛋白对无牙区发育的影响,进一步确认 FGF 是否可以挽救无牙区牙胚的发育。

研究方法:① 将 CD-1 小鼠交配后,查到母鼠孕栓当天中午记为 E0.5;E13.5 时收集胚胎,在显微镜下,将下颌同个象限中的切牙胚、无牙区和磨牙胚分离出来。将浸泡过生长因子液体的蓝色琼脂小珠加到无牙区牙胚上。将同时分离的切牙胚、磨牙胚和加了生长因子小珠的无牙区牙胚体外培养 24 小时后,移植至 CD-1 小鼠肾囊膜下培养 4 周后,分离移植块中的牙组织。②分离 E13.5 小鼠胚胎半个下颌,将浸有生长因子的琼脂小珠从无牙区插到间充质中, 浸泡 BSA 的小珠作为对照。肾囊膜下培养 4 周后分离牙组织。③将浸泡过生长因子液体的蓝色琼脂小珠加到分离的无牙区牙胚上,浸泡过 BSA 的小珠作为对照。置于半固体培养基上体外培养 24 小时或 48 小时后,分别用作组织学分析、原位杂交分析、BrdU 标记和 TUNEL 分析。

研究结果:FGF8 可以诱导 E13.5 的无牙区牙胚体外成牙。但是,并不能在一个下颌象限中挽救无牙区牙胚的发育。FGF8 通过促进细胞增殖和抑制细胞凋亡,而阻止了无牙区牙胚的退化。原位杂

交结果显示,FGF8 诱导了一些成牙相关基因在无牙区牙胚的表达,从而启动了无牙区牙胚的发育程序。

结论:FGF8 可以促进无牙区细胞增殖并且抑制无牙区牙胚上皮细胞凋亡,FGF8 还可以诱导多种对牙发育非常关键的基因在无牙区牙胚表达,由此重新启动无牙区牙胚的发育程序。我们的结果还证明了无牙区周围的牙胚,通过多种信号途径抑制了无牙区牙胚的发育。

关键词:牙发育　成纤维生长因子 8　无牙区

二、BMP 信号通路在牙和腭发育中的作用

研究目的:骨形成蛋白家族(BMPs)属于 TGF－β 超家族,它们包括超过 20 种多功能的细胞因子。BMP 信号路径在颅颌面部器官发育中起着关键作用,包括牙和腭部发育。*BmprIa* 和 *BmprIb* 编码的两种 I 型 BMP 受体,是 BMP 信号路径转导的主要受体。这以前的研究发现,在上皮中表达的 *BmprIa* 对牙和腭突发育起着重要作用,但是间充质中 *BmprIa* 的作用仍不清楚。在本研究中,我们研究了牙及腭突发育的过程中,在间充质中表达的 *BmprIa* 的作用;并检测了小鼠腭部和牙发育过程中,*BmprIa* 和 *BmprIb* 是否有功能互补。

研究方法:①将 *Wnt1Cre*; *BmprIa*$^{+/-}$ 小鼠与 *BmprIa*$^{F/F}$ 小鼠交配就可以得到 *Wnt1Cre*; *BmprIa*$^{F/-}$,即在神经嵴来源的细胞中特异的失活 *BmprIa* 的小鼠。为了阻止胚胎期小鼠早死,将终浓度为 200 μg/ml的异丙肾上腺素,加到 2.5 mg/ml 的维生素 C 溶液中,从胚胎 E7.5 开始给孕鼠喂药。小鼠胎龄计算时,以查到孕栓的当天中午计为胚胎 E0.5,按胎龄获得的胚胎先用冷的 PBS 冲洗数遍,分离小鼠胚胎头部,4% 的多聚甲醛在 4℃ 过夜固定,经过脱水、透明、石蜡包埋、10 μm 切片,用来进行组织学染色分析和原位杂交实验。另外,有一部分标本经过不同的处理后,准备用来做冰冻切片进行免疫组化分析。②为了得到同时含有 *Wnt1Cre*; *BmprIa*$^{F/-}$ 和 *pMescaBmprIb* 两个位点的小鼠,将 *Wnt1Cre*;*BmprIa*$^{+/-}$ 小鼠与 *BmprIa*$^{F/+}$;

pMes-caBmprIb 小鼠交配，含有这些复合位点的小鼠的基因型，则为 *Wnt1Cre*;*BmprIa*$^{F/-}$;*caIb*。如上所述，给孕鼠喂药，收集胚胎进行组织学分析。③为了确定 *Wnt1Cre*;*BmprIa*$^{F/-}$;*caIb* 小鼠的牙发育是否延迟，将 E13.5 的 *Wnt1Cre*;*BmprIa*$^{F/-}$;*caIb* 和野生型小鼠胚胎下颌磨牙牙胚分离出来后进行肾囊膜移植。本实验使用成熟的 CD-1 雄鼠进行肾囊膜移植和培养。

研究结果：*BmprIa* 和 *BmprIb* 在发育的牙和腭部的表达区域，有重叠但又明显不同。特异性失活神经嵴来源的间充质细胞中的 *BmprIa*，会导致一种并不常见的腭裂——继发腭前部裂。这种突变型小鼠的牙发育停滞在蕾状期或帽状早期，并且伴有严重的下颌缺陷。牙及腭部的缺陷，与其间充质中 BMP 应答基因下调及细胞增殖的降低相关。为了确定在牙和腭部的发育过程中 *BmprIb* 是否可以代替 *BmprIa* 的作用，在神经嵴来源间充质中特异性失活 *BmprIa* 的同时持续的过表达激活的 *BmprIb*，结果发现：在间充质中用 *caBmprIb* 代替 *BmprIa*，可以挽救磨牙及上颌切牙的缺陷。但是，被挽救的牙表现出成牙本质细胞和成釉细胞分化的延迟。相反，*caBmprIb* 并不能挽救腭裂及下颌缺陷，包括下切牙的缺失。

结论：正常的腭突和牙发育，绝对需要正常表达的 *BmprIa*，在颅颌面部发育的过程中，*BmprIb* 以组织特异性的方式与 *BmprIa* 有局限性的功能互补。

关键词：BMP 信号通路　Bmp 受体 IA　Bmp 受体 IB　牙发育　腭发育

三、BMP 信号平衡在牙和腭发育中的作用

研究目的：在实验二中，我们用 *Wnt1Cre* 特异性地失活神经嵴来源的间充质细胞中的 *BmprIa*，会导致一种并不常见的腭裂——继发腭前部裂。这种突变小鼠的牙发育停滞在蕾状期或帽状早期，并且伴有严重的下颌缺陷。并且发现，在间充质中用 *caBmprIb* 代替 *BmprIa*，可以部分挽救磨牙及上颌切牙的缺陷。但是，*caBmprIb* 并不能

挽救腭裂及下颌缺陷包括下切牙的缺失。在用 *caBmprIb* 挽救突变型小鼠的牙及腭部缺陷的同时，我们也用 *caBmprIa* 作为阳性的平行对照，利用转基因小鼠模型研究了 BMP 信号平衡对小鼠颅颌面部发育的影响。

研究方法：①将 *Wnt1Cre*；*BmprIa*$^{+/-}$ 小鼠与 *BmprIa*$^{F/+}$；*pMes-caBmprIa* 小鼠交配得到基因型分别为 *Wnt1Cre*；*BmprIa*$^{F/-}$，*Wnt1Cre*；*BmprIa*$^{F/-}$；*pMes-caBmprIa*，*Wnt1Cre*；*BmprIa*$^{F/+}$；*pMes-caBmprIa* 和 *Wnt1Cre*；*pMes-caBmprIa*。将终浓度为 200μg/ml 的异丙肾上腺素加到 2.5mg/ml 的维生素 C 溶液中，从胚胎 E7.5 开始给孕鼠喂药，以阻止胚胎死亡的发生。②小鼠胎龄计算时以查到孕栓的当天中午计为胚胎 E0.5，按胎龄获得 *Wnt1Cre*；*pMes-caBmprIa* 小鼠不同时期胚胎。胚胎用冷的 PBS 冲洗数遍，分离小鼠胚胎头部，4% 的多聚甲醛在 4℃ 过夜固定，经过脱水、透明、石蜡包埋、10μm 切片，用来进行组织学染色分析和原位杂交实验。另一部分标本经过不同的处理后，准备用来做冰冻切片进行免疫组化分析。③为了确定 *Wnt1Cre*；*pMes-caBmprIa* 小鼠的牙发育是否延迟，将 E13.5 的 *Wnt1Cre*；*pMes-caBmprIa* 和野生型小鼠胚胎下颌磨牙牙胚分离后进行肾囊膜移植。本实验，使用成熟的 CD-1 雄鼠进行肾囊膜移植和培养。

研究结果：① 随着间充质中 *BmprIa* 量的变化小鼠颅颌面部畸形的不同。② *Wnt1Cre* 介导的 *BmprIa* 在间充质中的过表达会导致继发腭完全性的腭裂和牙分化的延迟，同时伴有腭突前部间充质细胞增殖缺陷和腭突后部异位软骨的形成。

结论：正常的腭突和牙发育需要平衡的 BMP 信号活性，间充质中过度的 BMP 信号通路活性会造成腭突前部细胞增殖水平的降低和后部异位软骨的形成而导致腭裂，并且延迟成牙本质细胞和成釉细胞分化。

关键词：BMP 信号通路　Bmp 受体 IA　牙发育　腭发育

Abstract

1. Exogenous FGF8 rescues development of mouse diastemal vestigial tooth ex vivo

PURPOSE: Regression of vestigial tooth buds results in the formation of the toothless diastema, a unique feature of mouse dentition. Revitalization of the diastemal vestigial tooth bud provides an excellent model for studying tooth regeneration and replacement. It has been previously shown that suppression of FGF signaling in the diastema results in vestigial tooth bud regression. In this study, we report that application of exogenous FGF8 to mouse embryonic diastemal region rescues the development of diastemal vestigial tooth.

METHODS: ①Embryonic day 13.5 (E13.5) embryos from timed pregnant CD-1 females were collected. Mandibular quadrants were carefully dissected out, containing only the diastema, incisor and molar germs. It was further dissected into the diastema, the incisor, and molar tissues. Affi-gel blue agarose beads (100 ~ 200 μm in diameter) were prepared and soaked with growth factor proteins. 3 ~ 4 protein soaked beads were inserted into the diastemal mesenchyme. After 24 hours in culture, samples were subjected to subrenal culture using adult male CD-1 mice as hosts. Grafts were cultured underneath the kidney capsule for 4 weeks prior to being harvested for further analyses. ②Mandibular quadrants were carefully dissected out. Each quadrant was either used as a tissue transplant. For whole quadrant transplant, 3 ~ 4 protein soaked beads were inserted into the diastemal mesenchyme from the aboral side, and then beads-containing quadrants were transferred to a semisolid culture. BSA beads as control. Grafts were cultured underneath the kidney capsule for 4 weeks prior to being harvested for further analyses. ③ Affi-gel blue agarose beads (100 ~ 200 μm in diameter) were prepared and soaked with growth factor proteins. 3 ~ 4 protein soaked beads were inserted into the diastemal mesenchyme. After 24 hours or 48 hours in culture, samples were futher used for histological analysis, in situ hybridization, BrdU labeling and TUNEL assay.

RESULTS: Isolated diastemal vestigial buds appeared to escape the suppressing effects of factors from the adjacent developing tooth germs, and in the presence of FGF8, became revitalized and continued to development. FGF8 promotes cell proliferation and inhibits apoptosis in diastemal tooth epithelium, and revitalizes the tooth developmental program, evidenced by the expression of genes critical for tooth development.

CONCLUSION: FGF8 promotes cell proliferation and inhibits apoptosis in diastemal tooth epithelium, and revitalizes the tooth developmental program, evidenced by the expression of genes critical for tooth development. Our results also support the idea that adjacent tooth germs contribute to the suppression of diastemal vestigial tooth buds via multiple signals.

2. The role of BMP signaling in tooth and palate development

PURPOSE: The family of BMPs comprises over 20 multi-functional cytokines that belong to the TFG-β superfamily. The BMP signaling plays a pivotal role in the development of craniofacial organs, including the tooth and palate. *BmprIa* and *BmprIb* encode two type I BMP receptors that are primarily responsible for BMP signaling transduction. Despite the essential role for *BmprIa* in the epithelial component for tooth and palate development, the requirement of *BmprIa* in the mesenchymal component remains unknown. In this study, we investigated mesenchymal tissue-specific requirement of *BmprIa* and its functional redundancy with *BmprIb* during the development of mouse tooth and palate.

METHODS: ① Embryos containing inactivated *Bmprla* in their neural crest cells (*Wnt1Cre*; *Bmprla*$^{F/-}$) were obtained by crossing *Wnt1Cre*;*Bmprla*$^{+/-}$ mice with *Bmprla*$^{F/F}$ line. To prevent the embryonic lethality, drinking water was supplemented with 200 μg/ml isoproterenol and 2. 5 mg/ml ascorbic acid from7. 5 post-coitum (dpc). Embryos were collected from timed-mate pregnant females in ice-cold PBS. Embryonic head samples were dissected and fixed individually in 4% paraformaldehyde (PFA) overnight at 4°C, and processed for paraffin section for histological and in situ hybridization analyses or for frozen section for immunostaining. ② To obtain embryos carrying *Wnt1Cre*; *Bmprla*$^{F/-}$ alleles and a *pMescaBmprlb* transgenic allele, *Wnt1Cre*; *Bmprla*$^{+/-}$ mice were crossed with *Bmprla*$^{F/+}$; *pMes-caBmprlb* mice. Mice containing such compounded alleles are referred as *Wnt1Cre*; *Bmprla*$^{F/-}$; *calb*. Samples were processed as previous described. ③ To determine if the *Wnt1Cre*; *Bmprla*$^{F/-}$; *calb* mouse exhibited delay of tooth development. Mandibular molar germs were isolated from *Wnt1Cre*; *Bmprla*$^{F/-}$; *calb* embryos and wild type controls, and were subjected to subrenal culture. Adult CD-1 male mice were used as hosts for subrenal culture.

RESULTS: *Bmprla* and *Bmprlb* exhibit partially overlapping and distinct expression patterns in the developing tooth and palatal shelf. Neural crest-specific inactivation of *Bmprla* leads to formation of an unusual type of anterior clefting of the secondary palate, an arrest of tooth development at the bud/early cap stages, and severe hypoplasia of the mandible. Defective tooth and palate development is accompanied by the down-regulation of BMP-responsive genes and reduced cell proliferation levels in the palatal and dental mesenchyme. To determine if *Bmprlb* could substitute for *Bmprla* during tooth and palate development, we expressed a constitutively active form of *Bmprlb* (*caBmprlb*) in the neural crest cells in which *Bmprla* was simultaneously inactivated. We found that substitution of *Bmprla* by *caBmprlb* in neural rest cells rescues the development of molars and maxillary incisor, but the rescued teeth exhibit a delayed odontoblast and ameloblast differentiation. In contrast, *caBmprIb* failed to rescue the palatal and mandibular defects including the lack of lower incisors.

CONCLUSION: BmprIa is essential in the mesenchymal compartment for palate and tooth development. BmprIb has a restricted redundant function with *BmprIa* in a tissue specific manner in craniofacial development.

3. The role of BMP signaling homeostasis in tooth and palate development

PURPOSE: In Part Ⅱ, we have shown that neural crest-specific inactivation of *BmprIa* leads to formation of an unusual type of anterior clefting of the secondary palate, an arrest of tooth development at the bud/early cap stages, and severe hypoplasia of the mandible. Substitution of *BmprIa* by an constitutively active form of BMP receptor IB (*caBmprIb*) in the cranial neural crest cells rescues the development of molars and maxillary incisor, but the rescued teeth exhibit a delayed odontoblast and ameloblast differentiation (Li et al., 2011). In parallel to the *caBmprIb* rescue study, we used a conditional transgenic allele that expresses a constitutively active form of BMP receptor IA (*caBmprIa*) as a positive control. Using transgenic mous mouse model, we set to investigate the role of BMP signaling homeostasis in tooth and palate development.

METHODS: ① Embryos with different combination of *BmprIa* allele in the neural crestderived tissues were obtained by crossing *Wnt1Cre*; *BmprIa*$^{+/-}$ *mice with BmprIa*$^{F/+}$; *pMescaBmprIa mice.* The genotypes of the embryos are: *Wnt1Cre*; *BmprIa*$^{F/-}$, *Wnt1Cre*; *BmprIa*$^{F/-}$; *pMes-caBmprIa*, *Wnt1Cre*; *BmprIa*$^{F/+}$; *pMes-caBmprIa and Wnt1Cre*; *pMes-caBmprIa.* To prevent the embryonic lethality, drinking water was supplemented with 200 μg/ml isoproterenol and 2.5 mg/ml ascorbic acid from 7.5 post-coitum (dpc). ② Embryos were collected from timed-mate pregnant females in ice-cold PBS. Embryonic head samples were dissected and fixed individually in 4% PFA overnight at 4°C, and processed for paraffin section for histological and in situ hybridization analyses or for frozen section for immunostaining. ③ To determine if the *Wnt1Cre*; *pMes-caBmprIa* mouse exhibited delay of tooth development. Mandibular molar germs were isolated from *Wnt1Cre*; *BmprIa*$^{F/-}$; *caIb* embryos and wild type controls, and were subjected to subrenal culture. Adult CD-1 male mice were used as hosts for subrenal culture.

RESULTS: ① The changes in *BmprIa*-mediated BMP signaling lead to different craniofacial abnormalities. BMP signaling homeostasis is essential for the development of tooth and palate. ② Over expression of *caBmprIa* in neural crest cells resulted in a delay in tooth differentiation and complete clefting of the secondary palate, accompanied with a reduced cell proliferation in anterior palatal mesenchyme and ectopic cartilage formation in the posterior palate.

CONCLUSION: The BMP signaling homeostasis is required in proper development of tooth and palate. Tissue specific activation of BMP signaling leads to reduced cell proliferation rate in the anterior palate and ectopic cartilage formation in the posterior palate. Enhanced BMP signaling activity in the dental mesenchyme results in a delayed differentiation of odontoblasts and ameloblasts.

Key words: tooth development palatogenesis diastemal tooth FGF8 BMP signaling BmprIA BmprIB

目　录

引 言

颅颌面部包括了骨骼和面部，是脊椎动物身体中最精细、最复杂的部分。脊椎动物颅颌面部发育的最显著特征是，神经嵴的出现及迁移，并参与了颅颌部器官的形成。活体细胞标记显示：菱脑原节的神经过敏外胚层，在形成中脑后部和后脑前部时转变为颅神经嵴。颅神经嵴主要来源于背部及侧面神经嵴，包含了多潜能的细胞，具有高度可塑性（Trainor et al., 2003）。随着发育的进行，神经嵴向腹侧迁移到达鳃弓。这种迁移非常精确，一旦神经嵴细胞到达目的地，这些细胞就开始增殖并分化成特定的细胞类型，在上皮-间充质间相互作用的调节下最终参与形成颅颌面的器官。在接下来的发育过程中，两侧面突迅速生长并在中线处融合，形成了连续的面部。其中，牙和腭部的发育也是颅颌面发育的一部分，其发育过程由复杂的信号分子网络调控，包括 BMP 家族和 FGF 家族。

0.1 FGF 信号通路与小鼠无牙区发育

与其他许多哺乳动物不同，小鼠的颌部的每个象限中都只有一个切牙和三个磨牙。在切牙和磨牙之间没有长牙的区域被称为无牙区，无牙区本来是有牙胚发育的，但是后来因发育停滞，而形成牙胚退化始基（Peterkova et al., 2006）。组织学观察发现，下颌无牙区牙胚原基的发育过程与磨牙牙胚发育过程相似又截然不同（Yamamoto et al., 2005；Yuan et al., 2008）。E11.5 时，口腔上皮在下颌无牙区增厚，与其邻近的磨牙区相似；E12.5 和 E13.5 时，下颌无牙区牙蕾发育至蕾状期，此时也达到了无牙区牙胚发育的最好状态，但是其牙胚周围缺乏间充质细胞的聚集；接着，无牙区牙胚出现了生长阻滞，并最终通过凋亡退化，从而在小鼠切牙和磨牙之间，形成了一个不长牙的区域（Viriot et al., 2000; Peterkova et al., 2003, 2006; Yamamoto et al., 2005）。在下颌无牙区后部有两个牙胚始基：前部的无牙区牙蕾（mesial segment, MS）和后部一个较大的无牙区牙蕾（R2）。在E13.5之后，MS退化，但是，R2合并入第一磨牙牙胚的近中末端（Peterkova et al.,1995; Peterkova et al., 1996; Viriot et al., 2000）。

虽然无牙区未能成牙的分子机制仍不清楚，但是，有许多转基因小鼠的无牙区都会长出一个多余牙，说明这个区域具有一定的牙发育潜能（Sfaer,1969; Zhang et al.,2003; Kangas et al.,2004; Tucker et al., 2004; Kassai et al., 2005; Klein et al., 2006; Ohazama et al., 2009; Ahn et al., 2010; Cobourne & Sharpe, 2010）。*Wise*（*Ectodin*）编码Wnt信号路径的一个抑制因子，*Spry2*和*Spry4*都编码FGF信号路径的负反馈调节因子，*Wise*，*Spry2*和*Spry4*突变小鼠模型中都可以观察到无牙区牙胚原基的细胞增殖上调而凋亡被下调，从而无牙区牙胚得以继续发育（Peterkova et al., 2009; Ahn et al., 2010）。突变小鼠中形成的多余牙被认为是R2继续发育的结果（Peterkova et al., 2009; Ahn et al., 2010）。从以上实验结果可见，这些因子可以在无牙区抑制牙发育。组织重组实验证明：下颌无牙区牙胚间充质，不能支持牙胚原基的发育；无牙区间充质的缺陷，是下颌无牙区牙胚退化的主要原因（Yamamoto et al., 2005; Yuan et al., 2008）。

*Spry2*和*Spry4*突变型小鼠在无牙区有多余牙发育，说明FGF信号路径对于无牙区牙胚继续发育很重要，而FGF信号路径在正常牙发育过程的作用也很关键（Tummers & Thesleff, 2009）。同其他许多器官发育一样，牙发育受到上皮-间充质间信号分子的调控。许多FGF家族成员参与了牙胚发育的不同阶段，包括牙形成位置的决定、牙发育的起始、牙生长和牙尖形成（Peters & Balling, 1999; Thesleff & Mikkola, 2002）。在这些表达于发育牙胚的FGF配体中，FGF8是最早表达于未来成牙部位的上皮，并持续表达于牙上皮直至蕾状期。FGF8参与了牙发育位置的决定，并且诱导许多与牙发育相关基因的表达，而且还参与了磨牙发育的启动（Neubuser et al.,1997; Grigoriou et al.,1998; Tucker et al., 1998; Trumpp et al., 1999; St Am& et al.,

2000)。此外,FGF8 还可以诱导 *Fgf3* 在牙间充质的表达(Kettunen et al., 2000);*Fgf3* 作为 FGF 在牙间充质的反馈信号再作用于牙上皮。鉴于 FGF8 在牙发育中的重要作用,在实验一中,我们检测了在下颌无牙区加入外源 FGF8 蛋白,是否可以激活此处的牙胚始基,使其继续发育,形成类似于其他哺乳动物前磨牙的牙。

0.2 BMP 信号通路在小鼠腭部及牙发育中的作用

骨形成蛋白家族(BMPs)属于 TGF-β 超家族,它们包括超过 20 种多功能的细胞因子。BMPs 在胚胎发育、诞生、生长及再生过程中,发挥着许多重要作用。BMP 信号路径通过Ⅰ型及Ⅱ型跨膜的受体丝氨酸-苏氨酸激酶(RSTK)形成的异源杂合受体复合物转导入细胞中。BMP 受体与异源杂合受体复合体结合后,可以通过Ⅱ型受体诱导Ⅰ型受体的富甘氨酸-丝氨酸区(GS 区)磷酸化,磷酸化的Ⅰ型受体进一步使细胞质中的 Smad-1, Smad-5, Smad-8 磷酸化,并与 Smad-4 结合形成 Smad 复合体后入核,在胞核中 Smad 复合体与其他转录因子相互作用并调节基因的表达(Sieber et al.,2009)。除了经典的 BMP 信号路径外,BMPs 还可以激活 MAP 激酶(MAPK)信号路径。除了两种最初被确定Ⅱ型 BMP 受体(BMPR-IA 和 BMPR-IB),激活素 IA 型受体(ActRIa or Alk2)也可以与 BMP 配体结合并转导 BMP 信号(Kawabata et al., 1998; Nohe et al., 2004)。*BmprIb* 缺失的小鼠除了表现为一些附肢骨骼缺陷外是可以生存的(Baur et al., 2000; Yi et al., 2000)。但是,*BmprIa* 或 *Alk2* 的突变会导致小鼠胚胎在妊娠早期死亡(Mishina et al., 1995; 1999; Gu et al., 1999)。这些说明:在胚胎发育过程中,这些受体在发挥不同作用的同时又有潜在的功能互补。

鳃弓上皮与神经嵴来源的间充质之间的相互作用,调控着哺乳动物牙及腭突的发育。在众多调节因子中,BMP 信号在调节颅颌面部器官发育方面起着非常重要的作用(Nie et al.,2006)。在腭板发生过程中,许多 *Bmp* 基因,包括 *Bmp2*, *Bmp3*, *Bmp4*, *Bmp5* 和 *Bmp7*,沿着腭突的前后轴,呈现出一种动态的不同的表达模式(Lu et al.,

2000; Zhang et al., 2002; Hilliard et al., 2005; Nie et al., 2006; Levi et al., 2006)。在腭突前部,*Bmp4*, *Msx1*, *Shh* 和 *Bmp2* 共同调节细胞增殖(Zhang et al.,2002);BMP 信号对于 *Shox2* 在腭突前部的表达是必需的,在小鼠中失活 *Shox2* 会导致一种较为罕见的继发腭前部腭裂(Yu et al., 2005; Gu et al., 2008)。在腭突后部,平衡稳定的 BMP 活性对于保持上皮的完整性至关重要(Xiong et al., 2009; He et al., 2010)。许多研究表明,BMP 信号路径在牙发育的许多方面都起作用,从牙形成位置的决定到牙形态发生(Neubüser et al., 1997; Tucker et al.,1998),从蕾状期到帽状期再到釉结的成形(Chen et al., 1996; Jernvall et al., 1998; Zhang et al., 2010),从牙根形成到牙萌出(Yamashiro et al., 2003; Hosoya et al., 2008; Huang et al., 2010; Yao et al., 2010),这些方面都需要 BMP 信号的调节。所有在牙胚中表达的 *Bmp* 基因中,*Bmp4* 作为一种形态发生调节因子,被认为在牙发育早期起主要作用(Vainio et al., 1993; Thesleff & Mikkola, 2002)。

条件性敲除了 I 型 BMP 受体的小鼠模型,使得关于 BMP 信号在牙和腭部发育中作用的研究有了进一步的发展。以前研究发现,缺少 *BmprIb* 不会造成任何可见的小鼠颅颌面部的缺陷(Baur et al., 2000; Yi et al., 2000),但在腭突和牙胚上皮特异的敲除 *BmprIa* 则会导致腭裂形成,磨牙发育停滞在蕾状期或帽状期,切牙表型因为使用不同的 *CreI* 转基因鼠而有所不同(Andl et al., 2004; Liu et al., 2005)。此外,在神经嵴来源的细胞中,特异性的失活 *Alk2* 会导致多种颅颌面部的缺陷,包括腭裂和下颌发育不全,但是该研究并没有报道牙发育异常(Dudas et al., 2004)。尽管这些受体在结构上有着高度的同源性,都能激活 Smad 依赖和非 Smad 依赖的信号路径,并且存在某种程度上的功能富余,但是在胚胎发育过程中,它们又有着各自调节特异的、非功能互补的信号路径(Sieber et al., 2009)。

以前的研究发现,在上皮中表达的 *BmprIa* 对牙和腭突发育起着重要作用,但是间充质中 *BmprIa* 的作用仍不清楚。这可能是由于没有特异性的牙和腭部间充质起敲除作用的 Cre 转基因小鼠。另一方面,如果用 *Wnt1Cre* 来敲除神经嵴来源的细胞中 *BmprIa* 会导致鼠胚在 E12.5 左右死亡,而这时牙和腭部的发育才刚刚开始(Stottmann et al., 2004)。最近发现:这种在神经嵴来源的细胞中敲除 *BmprIa* 导致的胚胎死亡,是由于去甲肾上腺素消耗过度,而不是心脏缺陷(Morikawa et al., 2009)。如果给孕鼠服用 β 肾上腺素受体拮抗剂异丙肾上腺素,就可以阻止这个胚胎死亡,*Wnt1Cre*;*BmprIa*$^{F/-}$ 胚胎能存活至出生,这使得了解 *BmprIa* 在神经嵴来源的细胞中的功能成为可能。利用这一技术,在实验二中,我们研究了 *BmprIa* 在间充质组织中的作用,并进一步检测了在牙和腭部发育过程中, BMPR-IB 介导的信号路径是否可以代替 *BmprIa* 的缺失。

0.3 BMP 信号通路平衡对小鼠腭部发育及牙发育中细胞分化的影响

BMP 信号通路对于颅颌面部器官发育的作用也很关键,包括颅颌面骨发育、牙和腭突发育。颅颌面骨发育包括了软骨内成骨和膜内成骨, BMP 信号通路在这两方面都发挥了重要作用(Kanzler et al., 2000)。颅颌面骨主要由迁移的神经嵴细胞发育而来,*Bmps* 在迁移的神经嵴细胞中有较高表达,而在稍后形成的早期软骨和骨也有表达(Nie, 2005)。在腭板发生过程中,许多 *Bmp* 基因,包括 *Bmp2*, *Bmp3*, *Bmp4*, *Bmp5* 和 *Bmp7*,沿着腭突的前后轴呈现出一种动态的差异表达模式(Lu et al., 2000; Zhang et al.,2002; Hilliard et al., 2005; Nie et al., 2006; Levi et al., 2006)。在腭突前部, *Bmp4*, *Msx1*,*Shh* 和 *Bmp2* 共同调节细胞增殖(Zhang et al., 2002)。在腭突后部,平衡稳定的 BMP 活性对于保持上皮的完整性至关重要(Xiong et al., 2009; He et al., 2010)。许多研究表明:BMP 信号路径在牙发育的许多方面都起作用,包括牙形成位置的决定、牙形态发生、牙根形成和牙萌出(Neubüser et al., 1997; Tucker et al., 1998; Chen et al.,1996;Jernvall et al., 1998; Zhang et al., 2010; Yamashiro et al., 2003; Hosoya et al., 2008; Huang et al., 2010; Yao et al., 2010)。*Bmp4*、*Bmp2* 和 *Bmp7* 表达于早期牙蕾上皮中(Aberg et al., 1997; Vainio et al., 1993)。在牙发育起始及牙冠形成过程中,*Bmp/*

Msx 之前形成的反馈调节机制发挥了重要作用(Zhao et al., 2000)。而在牙冠形成的晚期,*Bmp4* 表达于成牙本质细胞前体细胞,当细胞分化开始时, *Bmp2* 表达上调并表达于最终的成牙本质细胞中(Yamashiro et al., 2003)。体外实验发现,牙髓干细胞可被 *Bmp2* 诱导分化为成牙本质细胞(Iohara et al., 2004)。此外,抑制牙间充质细胞 BMP4 活性会影响成釉细胞分化并最终影响釉质形成(Wang et al., 2004; Gluhak-Heinrich et al., 2010)。

BMP 信号通过Ⅰ型和Ⅱ型 RSTK 形成的异源杂合受体复合物转导入细胞中。在与 BMP 配体结合后,持续性激活的Ⅱ型受体可诱导Ⅰ型受体的 GS 区磷酸化。当Ⅰ型受体激活后,磷酸化的Ⅰ型受体进一步使细胞质中的受体调节 Smads (receptor-regulated Smads, R-Smad)磷酸化并与 Smad4 结合形成 Smad 复合体后入核,在胞核中 Smad 复合体与其他转录因子相互作用并调节基因的表达(Sieber et al., 2009)。在胚胎发育过程中,BMP 信号通路受到许多蛋白不同水平的调节(Gazzero & Canalis, 2006)。在细胞内,抑制型 Smads 通过阻止 R-Smads 与受体或 Smad-4 的结合调节 BMP 信号;在细胞外,一些分泌蛋白,如 Noggin,通过选择性结合 BMP 配体,从而阻止了 BMP 与其穿膜受体的结合。在 *Noggin* 突变小鼠中,伴随着 BMP 信号通路活性被提高,出现了一系列的器官发育畸形,包括颅颌面发育缺陷(Brunet et al., 1998; McMahon et al., 1998; Bachiller et al., 2000; Stottmann et al., 2001; Anderson et al., 2006; He et al., 2010)。由此可见,胚胎的正常发育需要平衡的 BMP 信号活性。

BMPs 的功能主要是通过Ⅰ型和Ⅱ型 BMP 受体介导。通常来讲,Ⅰ型受体与配体的结合能力较高,而Ⅱ型受体与 BMPs 配体亲和力较低(Nohe et al., 2004)。利用Ⅰ型 BMP 受体转基因小鼠模型,也可以调节小鼠胚胎发育过程中的 BMP 活性。在上皮组织中特异性失活 *BmprIa* 会导致腭裂,随着 BMP 信号活性的降低,小鼠磨牙发育停滞在蕾状期或帽状期,切牙表型因为使用不同的 *Cre* 转基因鼠而有所不同(Andl et al.,2004; Liu et al., 2005)。与之相对应,通过在上皮中过表达 *BmprIa* 提高上皮组织中的 BMP 信号活性,腭突上皮的完整性被破坏,腭突口腔侧与下颌发生异常融合,而导致腭裂的发生(He F., et al., 2010)。这些结果说明,上皮中 BMP 信号的平衡对到颅颌面部的正常发育至关重要。

在实验二中,我们用 *Wnt1Cre* 特异性地失活神经嵴来源的间充质细胞中的 *BmprIa*,会导致一种并不常见的腭裂——继发腭前部裂。这种突变小鼠的牙发育停滞在蕾状期或帽状早期,并且,伴有严重的下颌缺陷(Li et al., 2011)。并且,我们发现在间充质中用 *caBmprIb* 代替 *BmprIa* 可以部分挽救磨牙及上颌切牙的缺陷,但是 *caBmprIb* 并不能挽救腭裂及下颌缺陷包括下切牙的缺失。在用 *caBmprIb* 挽救突变型小鼠牙及腭部缺陷的同时,我们也用 *caBmprIa* 作为阳性的平行对照。在实验三中,我们发现随着 *BmprIa* 的量的变化,小鼠表现出不同的颅颌面表型,并进一步检测了过度的 BMP 信号对于颅颌面部发育的影响。

1 文献综述

1.1 总论:器官发育及上皮-间充质相互作用

在哺乳动物胚胎发育过程中形成了三个胚层,分别是:外胚层、中胚层和内胚层。来自不同的胚层中的细胞相互作用发育成了未来的组织及器官。每个器官都是由上皮及其邻接的间充质发育而成,其中上皮细胞的来源,可以是三个胚层中的任何一个胚层,而间充质细胞来源只能是中胚层或神经嵴。

器官发育包含了三个基本的过程,首先是发育起始,在这个过程中最重要的是器官形成位置的决定,即保证在特定的部位形成特定的器官;然后是形态发生,即由细胞构成器官雏形;最后是分化,细胞发育成具有组织特异性的结构。器官的形成有赖于上皮和间充质之间的相互作用,在此过程中诱导信号在上皮与间充质之间传递,另一方面,细胞与细胞的相互作用也起到了重要作用。这种细胞间相互作用有几种不同的方式:其一,发挥诱导作用的细胞可以通过一些胞膜蛋白与其相邻的细胞直接相互作用。Notch 和 Ephrin 是最常见的介导细胞间直接作用的两个胞膜蛋白家族,它们又被称为邻分泌因子(juxtacrine factor),这类蛋白通常在血管、神经元及体节的形成中发挥作用。另外一种是旁分泌(paracrine),释放诱导信号的细胞通过分泌可扩散的蛋白与其相邻的细胞间发生相互作用,这种分泌蛋白通常被称为旁分泌因子,它们可以通过与周边细胞膜上的受体相结合而发挥作用,旁分泌因子在许多器官形成中都起到了重要作用。基于结构的不同,旁分泌因子被分成了许多家族,其中有四个主要的家族,它们分别是:Hedhehog(Hh)信号家族、FGF 家族、TGF-β 超家族和Wnt信号家族。这四个信号家族中的许多蛋白,参与了细胞增殖、分化、迁移和死亡等过程,并且在许多重要器官形成中都起到了不可或缺的作用,包括肾、心脏、四肢、眼,以及牙和腭板。

1.2 牙的发育

1.2.1 哺乳动物的牙发育过程

哺乳动物的牙发育与其他器官的发育一样,都需要上皮-间充质的相互作用。以小鼠磨牙为例,E9.0时,虽然第一鳃弓并未出现任何形态学的变化,但已具备了成牙的能力(Lumsden, 1988; Zhang et al., 2003b)。牙形成位置的决定发生在E10.5或更早一些。在E11.5时,第一鳃弓口腔侧的上皮局部增厚,这是磨牙发育过程中第一个可见的形态变化,这部分局部增厚的上皮即为以后的磨牙上皮。在此过程中,牙上皮的细胞沿纵轴拉长,细胞形态由立方形变为柱状并具备了极性,从而形成了牙板。从E12.5至E13.5被称为蕾状期,增厚的牙上皮开始增殖并生长进入与其相邻的间充质中形成牙蕾上皮,此时其周围的间充质细胞变得更加致密。在这个时期,牙蕾上皮基底层的细胞仍然保持柱状形态。E14.5时,牙发育进入帽状期,牙胚上皮开始卷曲,釉结(enamel knot)随之形成。釉结是牙发育过程中一个很重要的一过性上皮结构,与牙尖的形成相关。由于一些特异的信号分子在釉结表达,如*Sonic hedgehog*(*Shh*)、*Bmp2*, *Bmp4*, *Bmp7*, *Fgf4*和*Fgf9*,釉结被认为是调控牙形态发生的信号中心(Thesleff & Mikkola, 2002)。在接下来的钟状期内,上皮来源的成釉细胞和间充质来源的成牙本质细胞开始分化。此外,间充质细胞还分化成了牙槽骨及牙周组织(Palmaer & Lumsden, 1987)。

1.2.2 牙发育中的基因调控

一个功能良好的牙,是在胚胎期由上皮和间充质之间的一系列信号调控下发育而成的。以往的研究证明:将小鼠牙胚的上皮和间充质分开后将不能成牙(Koch, 1967)。这些实验证明了,这两层组织间的相互作用对细胞的生长和分化都是必要的,这种相互作用是由可扩散的信号分子介导的。最近的研究发现这些信号分子(一般是生长因子)在牙发育的过程中有序地调控着组织间的相互作用(Jernvall & Thesleff, 2000; Thesleff & Mikkkola, 2002)。这些生长因子中的FGF、BMP、WNT和Hedgehog家族(Hh)从牙发育之初就开始发挥作用,而TNF则在稍后牙形态决定中起到了作用(图1-1)。

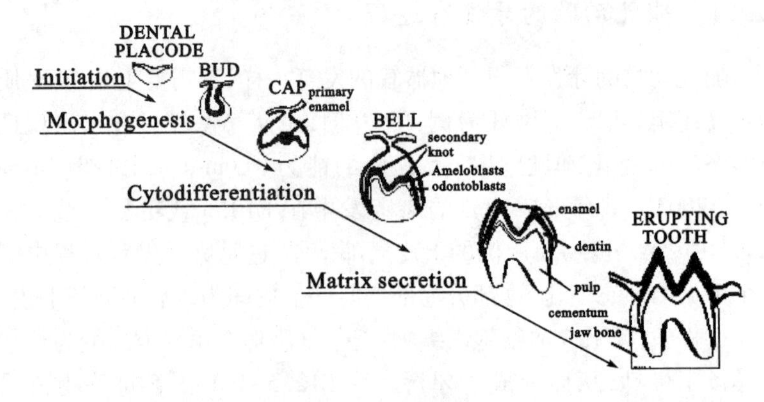

图1-1 牙发育模式图

1.2.2.1 牙发育的位置决定

在牙上皮增厚之前就有一些基因在口腔上皮呈局限性的表达,这些基因有可能对牙位置的决定相关。*Wnt7b* 在整个口腔上皮表达除了未来牙板形成的部位,在未来牙形成的部位异位表达 *Wnt7b* 会抑制 *Shh* 表达从而抑制牙的发育(Sarkar et al.,2000)。原位杂交结果显示 *Shh* 在E11.5的牙板上皮中表达(Keranen et al.,1998),但是 *Shh* 在牙位置决定中的作用仍不十分清楚。

FGF家族中的 *Fgf8* 在牙板形成之前,就在未来牙板形成的部位强烈表达,*Fgf9* 也在些部位有微弱表达,这两个基因的表达一直持续到牙胚蕾状早期。而 *Bmp4* 和 *Ffg8* 之间的相互拮抗作用将一些对牙发育至关重要的转录因子的表达限制在未来牙发育部位的上皮和间充质,如 *Pax9*, *Pitx2* 和 *Pitx1* (Neubuser et al., 1997; Peters & Balling, 1999; St. Amand et al.,2000)。在 *Bmp4* 和 *Fgf8* 的拮抗作用下，*Barx1* 只局限性地在磨牙间充质表达，这个转录因子是决定牙类型的关键(Tissier-seta et al.,1995；Tucker et al., 1998)。*Fgf8* 还可以诱导 *Lhx6* 和 *Lhx7* 在未来牙形成部位的间充质中表达(Grigoriou et al., 1998)。*Bmp4* 则可以诱导 *Msx1* 在未来牙发育部位的间充质中表达，此外，还可以诱导 *Islet1* 在未来切牙间充质中表达(Vainio et al., 1993；Mitsiadis et al., 2003b)。

1.2.2.2　牙发育起始

牙发育过程中第一个形态学变化发生在 E11.5，这时口腔上皮局部增厚形成牙板上皮。许多基因在牙板上皮中表达，例如：*Fgf8*、*Fgf9*、*Bmp2*、*Bmp4*、*Bmp7*、*Shh*、*Wnt10a* 和 *Wnt10b*(Vainio et al.,1993；Heikinheimo et al.,1994；Bitgood & McMahon, 1995；Dassule & McMahon, 1998；Hardcastle et al., 1998；Kettunen & Thesleff, 1998；Zhang et al., 1999)。这些牙板上皮中表达的信号分子诱导与其邻近的间充质中表达 *Msx1*，*Msx2*，*Lef1*，*Dlx1*，*Dlx2*，*Patched*（*Ptc*），*Gli1* 和 *Syndecan-1*（Vainio et al., 1993；Chen et al., 1996；Kratochwil et al., 1996；Bei & Maas, 1998；Dassule & McMahon, 1998；Zhang et al., 1999)。其中一些基因对于牙发育的起始至关重要，如果在小鼠模型中敲除这些基因，牙发育将停滞在牙板期。*Msx1* 和 *Msx2* 同时突变会使所有的牙发育停滞，*Gli2* 和 *Gli3* 的基因双突变模型中，只有切牙可以发育到蕾状早期，而 *Dlx2* 和 *Dlx1* 的基因双突变模型中，上颌磨牙的发育受到了影响(Bei & Mass, 1998；Thomas et al., 1997；Hardcastle et al., 1998)。

许多 *Wnt* 基因表达于正在发育的牙胚，其中部分的表达局限于牙上皮。Wnt 信号在牙发育过程中的具体作用仍不十分清楚，因为许多 *Wnt* 基因缺陷小鼠模型都在胚胎较早期死亡，因此不能观察到牙表型，或是牙发育并没有受到明显影响(Cadigan & Nusse, 1997；Liu et al., 1999；Yamaguchi et al., 1999)。然而，Wnt 信号在牙发育起始过程中作用不容忽视，Wnt 的拮抗基因 Dickkopf(Dkk)是通过结合受体复合物 LRP5/6 的配体而起作用的。Dkk 与 LRP5/6 结合从而阻止了 Wnt-Frizzled 复合物与 LRP5/6 的结合，从而抑制了 Wnt 信号路径中的经典途径。然而，尽管 *Dkk* 阻断了 *β-catenin* 经典路径，但是细胞仍然可以通过 planar cell polarity 路径发挥作用。通过 *K14Cre* 在上皮中过表达 *Dkk1* 可以使牙发育停滞在上皮增厚期(Andl et al., 2002),说明 Wnt 信号对于牙发育的起始非常重要。

哺乳动物有三种 *Hh* 基因: *Sonic hedgehog* (*Shh*), *Indian hedgehog* (*Ihh*)和 *Desert hedgehog* (*Dhh*)。它们在脊柱动物胚胎发育的过程中发挥着重要作用(McMahon et al., 2003)。*Shh* 是唯一表达于牙的,*Shh* 在脊柱动物器官形成过程中通过激活下游基因表达从而调控器官的形态和生长发育(Johnson & Tabin, 1995)。牙上皮表达的 *Shh* 通过刺激上皮细胞的细胞增殖来调节牙上皮的增厚和向间充质的卷折而形成牙蕾(Hardcastle et al., 1998; Cobourne et al., 2001),而且有实验证明在 E10.5 的分离下颌加上带有 *Shh* 蛋白的小珠可以诱导异位的上皮增厚。在 E10.5 的下颌中用中和抗体阻断 *Shh* 活性会导致牙发育停滞在牙板期(Hardcastle et al., 1998; Cobourne et al., 2001)。*Gli* 是 *Shh* 信号的下游基因,任何单独的 *Gli* 基因突变型小鼠并没有明显牙缺陷,但是 *Gli2* 和 *Gli3* 同时突变的小鼠牙发育停滞在蕾状期之前(Hardcastle, et al., 1998)。如果在 E11.75 时,失活牙上皮中的 *Shh* 并不影响牙的形成,但是这种情况下形成的牙形态异常且较小(Dassule et al., 2000)。诱导上皮表达 *Shh* 的因子目前并不清楚,但是实验证明 BMP 的活性对保持牙上皮和间充质中 *Shh* 表达都是必要的(Zhang et al., 2000)。

BMP 信号和其他 *TGF-β* 超家族的成员一样,也是通过Ⅰ型和Ⅱ型形成的异源受体复合物中的 RSTK 介导(Massague, 1996)。脊柱动物中有两种Ⅰ型 BMP 受体,*BMPR-IA*(*Alk*3)和 *BMPR-IB*(*Alk*6),它们都可以和Ⅱ型受体形成异源受体复合物并与 BMP 结合(Hogan, 1996)。一旦 BMP 配体与受体相结合,可以使Ⅰ型受体的 GS 区磷酸化,被激活的Ⅰ型受体,进一步使细胞质中的 Smad-1, Smad-5, Smad-8 磷酸化并与 Smad-4 结合,形成 Smad 复合体后入核,在胞核中 Smad 复合体与其他转录因子相互作用并调节基因的表达(Whitman, 1998)。BMP 信号也可以通过 *ActRIIB* 和 *ActR-I*(*Alk2*)转导(Kawabata et al., 1998)。*Bmpr-IA* 和 *Bmpr-IB* 都表达于早期的牙蕾中(ten Dijike et al.,1994; Dewulf et al., 1995),但是它们在牙发育起始阶段的作用仍不清楚。在上皮或间充质中敲除 *Bmpr-IA* 都会使牙发育停滞在蕾状期,这种表型与 *Msx1* 突变型小鼠相似(Andl et al., 2004; Li et al., 2011; Liu et al., 2005)。这些结果进一步证明了 BMP 信号对于牙从蕾状期到帽状期过渡很重要(Chen et al., 1996)。

1.2.2.3 牙发育蕾状期

E11.5 以后,牙板上皮向间充质生长形成了牙蕾,这时牙发育进入蕾状期。与此同时,间充质细胞在牙蕾上皮周围变得致密,从而形成了牙乳头和牙囊。这两个结构将最终发育为牙髓,成牙本质细胞和牙槽骨(Palmer & Lumsden, 1987)。作为对上皮信号的回应,此时的牙间充质细胞开始表达一些生长因子,*Bmp4*, *Fgf3*, *Activin-βA* 和 *Wnt5a*(Vainio et al., 1993; Ferguson et al., 1998; Sarkar & Sharpe, 1999a; Kettunen et al., 2000)。这些间充质中表达的生长因子是由上皮信号诱导的,它们在间充质中发挥作用从而调控牙的发育(Chen & Maas, 1998)。正是在这个时期,牙间充质获得了成牙潜能,所以此时牙间充质中表达的生长因子也许和成牙潜能紧密相关。

基因敲除实验表明:相对牙发育的其他时期,基因敲除小鼠的模型中牙发育更容易停滞在蕾状期,如 *Msx1*$^{-/-}$, *Lef1*$^{-/-}$, *Pax9*$^{-/-}$, *Activin-βA*$^{-/-}$ 和 *Pitx2*$^{-/-}$ 的小鼠牙发育都停滞在蕾状期(Satokata & Maas, 1994; Kratochwil et al., 1996; Peters et al., 1998; Ferguson et al., 1998; Lin et al., 1999)。

对 *Msx1* 突变小鼠模型的研究表明,*Bmp4*, *Fgf3*, *Lef1*, *Dlx2*, *syndecan-1* 和 *Tenascin* 的表达都被下调(Chen et al., 1996; Bei & Maas, 1998)。将外源 BMP4 蛋白加到 *Msx1* 突变小鼠的牙胚上体外培养,或是用转基因的方法在 *Msx1* 突变小鼠的牙间充质异位的表达 *Bmp4*,都将部分挽救 *Msx1* 突变小鼠的牙表型,并且一些被下调的基因可以重新回到正常的表达水平,如 *Lef1* 和 *Dlx2*(Chen et al., 1996; Bei et al., 2000; Zhang et al., 2000; Zhao et al., 2000; Zhang et al., 2003c)。*Pax9* 基因突变小鼠的牙发育也停滞在蕾状期,并且也伴有 *Bmp4* 和 *Lef1* 的下调(Peters et al., 1998)。由此表明:*Msx1* 和 *Pax9* 共同调节 *Bmp4* 在牙间充质中的表达。*Msx2* 突变小鼠的牙缺陷发生

在较晚的时期,主要表现为星网状层的明显减少和牙尖形成的异常(Satokata & Maas; 1994; Satokata et al., 2000)。在 *Msx2* 突变小鼠模型中,Bmp4 在磨牙牙胚釉结中的表达被下调,这也许和牙尖的异常表型相关(Bei et al., 2004)。另外,在 *Msx1-Msx2* 双突变的小鼠模型中,牙的发育停滞在牙板期。这些结果说明在牙发育的过程中,*Msx1*和*Msx2*存在功能上的互补(Bei & Maas, 1998)。

与之相似,*Pax9* 突变型小鼠的牙发育停滞在蕾状期,*Bmp4* 和 *Lef1* 在牙胚中的表达也被下调了(Peters et al., 1998),说明 *Msx1* 和 *Pax9* 协同调控着 *Bmp4* 在牙间充质中的表达。

Lef1 作为同源盒基因家族的一员可调控 *Wnt* 信号路径(Grosschedl et al., 1994)。*Lef1* 基因功能的缺失同样会导致牙的发育停滞在蕾状期(van Gendern et al., 1994)。这个结果进一步证明了 *Lef1* 在牙上皮中一过性的表达对于 *Fgf4* 在釉结中的表达是必需的,*Lef1* 可以将 *Wnt* 信号传导给 *Fgf* 信号路径(Kratochwil et al., 1996; 2002)。

Pitx2 的表达受到来自牙上皮中 *Fgf8* 的调控(Semina et al., 1996; Mucchielli et al., 1997; St. Amand et al., 2000)。在小鼠模型中敲除 *Pitx2* 会导致 *Fgf8* 在牙上皮中的表达下调并且牙的发育会停滞在蕾状期(Lin et al., 1999; Lu et al., 1999)。研究证明 *Pitx2* 的表达量也对牙发育有影响,在条件性 *Pitx2* 敲除鼠模型中发现,随着 *Pitx2* 的量的增加,牙的表型从停滞在蕾状期到逐渐趋于正常(Liu et al., 2003)。

这些转录因子的普遍作用是调控生长因子的表达。转录因子通过调节其他信号分子的表达将不同的信号路径联系起来,从而进一步参与上皮-间充质之间的相互作用。

1.2.2.4 牙的形态发生

器官形态的形成需要时空特异性的信号调控,牙的形态发生开始于 E14, 即蕾状晚期。此时牙上皮的尖端开始卷折,形成了一个形似帽状的结构。釉结也在这个时期形成,并表达一系列特殊的信号分子,包括 *Shh*, *Bmp2*, *Bmp4*, *Bmp7*, *Fgf4*, *Fgf9*, *Wnt10a* 和 *Wnt10b*(Vaahtokari et al., 1996a; Jernvall et al., 1998; Coin et al., 1999)。以往的研究表明,原发釉结和继发釉结作为信号中心控制着细胞的增殖和凋亡，从而决定了牙尖的数目和位置（Jernvall et al., 1994; Vaahtokari et al., 1996b）。帽状期釉结上表达的 *Bmp4*、*Bmp2* 和 *Bmp7* 可能调控了釉节细胞的凋亡（Vaahtokari et al., 1996a; Jernvall et al., 1998; Thesleff & Pispa, 1998）。

Wnt10a 和 *Wnt10b* 从 E11.5 时便表达于磨牙和切牙的牙上皮中，并持续表达至蕾状期（Dassule & McMahon, 1998），在 E14.5 帽状期时，这两个基因都表达于釉结。此外，*Wnt4*，*Wnt6* 和一个 *Wnt* 的受体 *MFz-6* 也表达于牙上皮（Sarker & Sharpe, 1999a），而 *Wnt5a*，*sFrp2* 和 *sFrp3* 则局限表达牙间充质中（Sarker & Sharpe, 1999a）。有关 *Wnt* 信号在牙发育中作用的研究始于对 *Lef1* 突变型小鼠的研究，*Lef1* 是 *Wnt* 信号路径中关键的组成，*Lef1* 的突变会使牙发育停滞在蕾状期（Van Genderen et al., 1994; Kratochwil et al., 1996; 2002）。*sFrp3* 是 *Wnt* 的拮抗因子，在分离的未来磨牙发育的部位加入外源 *sFrp3* 蛋白，仍然会有牙蕾形成，但是将其移植培养后形成的牙小于对照组（Sarkar & Sharpe, 1999b）。Wnt3 也表达于釉结，但是，用 *K14Cre* 在上皮中过表达 *Wnt3* 并不会导致牙形态的明显变化（Millar et al., 2003）。

蕾状期之后，*Shh* 的表达被局限于帽状期的釉结上，随着发育的进行其表达会延展至整个内釉上皮和星网状层的细胞（Koyama et al., 1996; Vaahtokari et al., 1996a; Dassule et al., 2000）。有关 *Shh* 信号路径中基因突变型小鼠的研究进一步揭示了 *Shh* 在牙发育中的作用，在 *Hh* 信号路径中，*Dispatched*（*Disp*）通过调节 *Hh* 分泌细胞中 *Hh* 的胞内运输，进而控制胚胎中 *Hh* 信号的水平起作用（Burke et al., 1999; Gallet et al., 2003）。*Patched*（*Ptch*）是 *Hh* 信号的膜受体，*Smoothened*（*Smo*）是 *Ptch* 的抑制因子。*Disp1* 和 *Smo* 对于 *Hh* 信号转导很重要（Zhang et al., 2001; Ma et al., 2002）。在牙上皮中失活 *Smo* 会导致上下颌第一磨牙和第二磨牙的融合，和 *Shh* 条件性敲除鼠的牙表型相似，这些结果说明，*Shh* 除了调节牙发育中上皮-间充质之间的作用，还起到了上皮中细胞间作用的调控（Gritli-Linde et al., 2002）。另一方面，在神经嵴来源的间充质中失活 *Smo* 会导致不一样的牙表型，除了磨牙数目的减少和上切牙的融合外，下切牙也缺失了(Jeong et al., 2004)。同样的牙表型,在人类 HPE 疾病中也有被发现,其原因同样是 Shh 信号的降低(Wallis & Muenke, 1999)。

在蕾状晚期和帽状早期,原发釉结中的 *Fgf9* 被上调,此时釉结处的 *Fgf4* 也被 *Wnt* 信号路径激活(Jernvall et al., 1994; Kettunen & Thesleff, 1998; Kratochwil et al., 2002)。牙间充质中 *Fgf3* 的表达可能是由 *Fgf8* 诱导的,*Fgf3* 从 E13.5 蕾状期开始在牙间充质表达,而 *Fgf10* 则在 E14.0 左右在牙间充质被检测到(Kettunen et al., 2000)。FGF10 只能刺激牙上皮中的细胞增殖,而 FGF3 可以刺激分离的牙间充质中细胞增殖(Kettunen et al., 2000)。*Fgf3* 或 *Fgf10* 突变型小鼠并没有明显的牙缺陷(Mansour et al., 1993; Min et al., 1998; Sekine et al., 1999)。*Fgfr2b* 是 *Fgf3* 和 *Fgf10* 酪氨酸激酶受体,*Fgfr2b* 突变型小鼠会导致牙发育停滞在蕾状期(Celli et al., 1998; De Moerlooze et al., 2000)。因此,在牙发育过程中 *Fgf3* 和 *Fgf10* 存在功能互补。

另外,还有一些基因也参与了牙形态发生。*Cbfa-1/Runx2* 是成骨细胞分化的重要调节因子,它在牙形态发生和成釉器组织分化也有重要作用(D'Souza et al., 1999)。人类 *Cbfa-1/Runx2* 单倍不足会导致锁骨颅骨发育不全(cleidocranial dysplasia, CCD),这种综合征的显著特征是骨缺陷和恒牙列中额外牙产生但不萌出(Mundlos et al., 1997)。小鼠胚胎 E12 时,*Cbfa-1/Runx2* 开始表达于聚集的牙间充质中,并持续至帽状期直到钟状早期(E16)(D'Souza et al., 1999)。*Cbfa-1/Runx2* 突变导致完全性的骨缺失和牙缺失(Komori et al., 1997)。在这个小鼠模型中牙发育停滞在帽状期,下颌磨牙的发育缺陷比上颌磨牙和切牙更严重(D'Souza et al., 1999; Aberg et al., 2004)。*Cbfa-1/Runx2* 突变型小鼠的牙发育停滞期晚于 *Msx1* 突变型小鼠(Satokata and Maas, 1994; D'Souza et al.,1999),说明在牙发育的基因水平,*Cbfa-1/Runx2* 应该是 *Msx1* 的下游基因。另外一些实验结果也支持这个结论,牙间充质中 *Cbfa-1/Runx2* 的表达在 *Msx1* 突变型小鼠被下调,而在 *Cbfa-1/Runx2* 突变型小鼠牙间充质中 Msx1 的表达水平没有改变(Zhang et al., 2003c; Aberg et al., 2004)。此外,*Bmp4* 只能部分挽救 *Msx1* 突变型小鼠的牙表型,使其牙发育到帽状期(Zhang et al., 2002)。*FGFs* 可以激发 *Cbfa-1/Runx2*

在牙间充质中表达，在 *Cbfa-1/Runx2* 突变型小鼠牙间充质中 *Fgf3* 和 *Fgf10* 的表达被下调了（D'Souza et al., 1999; Aberg et al., 2004）。然而，体外供给 FGFs 并不能挽救 *Cbfa-1/Runx2* 突变型小鼠的牙表型（Aberg et al., 2004）。共有两个 *Runx* 基因在发育牙胚中表达，但是这两个基因是否具有功能上的互补还不清楚（Yamashiro et al., 2002）。

釉结被认为是调控牙形态发育的信号中心（Jernvall & Thesleff, 2000）。对于牙发育中 TNF 信号路径的研究也证实了这一点，Tabby 突变会导致牙缺陷，磨牙牙尖大小和数目都有显著减少，而切牙和第三磨牙则通常缺失（Pispa et al., 1999）。同样的牙表型在另外两种突变型小鼠中也有发现：Downless 和 Crinkled（Gruneberg, 1965; Sofaer, 1969a, 1977）。这两个基因和 *Tabby* 是同一个信号路径中的不同基因，*Tabby* 即为 *Ectodysplasin A1*（*EdaA1*），是 TNF 家族的一员，*Downless* 和 *Crinkled* 分别是 TNF 受体 Edar 和 *Edrar* 死亡区调节因子 Edaradd（Kere et al., 1996; Ferguson et al., 1997; Srivastava et al., 1997; Monreal et al., 1999; Pispa et al., 1999; Tucker et al., 2000; Headon et al., 2001; Laurikkala et al., 2001）。*Eda* 表达于外釉上皮，而 *Edar* 和 *Edaradd* 则表过于釉结，并可以通过蛋白水解作用释放（Headon et al., 2001; Elomaa et al., 2001; Tucker et al., 2000）。这三个基因的突变小鼠都有釉结的异常，其磨牙的牙尖高度变低并且数目减少（Pispa et al., 1999; Tucker et al., 2000; Laurikkala et al., 2001）。通过给 *Tabby* 孕鼠用外源的 EDA 蛋白可以挽救其牙尖的表型（Gaide & Schneider, 2003），当用 *K14Cre* 在上皮中过表达 *Edar* 会导致磨牙中额外牙尖的形成（Tucker et al., 2004）。然而，在上皮中过表达 *EdaA1* 并没有额外牙尖形成的表型发生（Srivastava et al., 2001; Mustonen et al., 2003）。因此，磨牙形态发生受到了活化的 *Eda* 信号的调控。釉结中表达的 *Edar* 是该信号路径的限制因子。通过对 *Eda* 信号路径中下游基因的研究进一步证明了釉结中的 *Eda* 信号路径对于正常牙形态发生的重要性，*Eda* 信号路径参与了导致 *NF-kB* 活化的激酶级联反应（Yan et al., 2000; Doffinger et al., 2001; Kumar et al., 2001; Schmidt-Ullrich et al, 2001; Koppinen et al.,

2001)。*NF-kB* 的活性受到其抑制因子 *IkB* 的调节,而 *IkB* 的自调节是通过 *IkB* 激酶(*Ikk*)实现的。*Ikk* 包过一个调节亚单位 *Ikkγ* 和两个催化亚单位 *Ikkα* 和 *Ikkβ*。在小鼠牙发育的帽状期,*NF-kB*,*IkB* 和 *Ikkγ* 表达于釉结,*Ikkα* 和 *Ikkβ* 则表达于牙上皮的外边缘。*Ikkα* 突变型小鼠的磨牙牙尖异常与 *Eda*, *Edar* 和 *Edaradd* 突变型小鼠的磨牙表型相似。通过 *IkB* 抑制 *NF-kB* 作用可以导致磨牙牙尖的严重缺陷,其表型与 *Ikkα* 突变型小鼠相同,这说明 *Ikkα* 和 *Ikkβ* 有功能富余,此外,在切牙发育过程中 *Ikkα* 的功能并不依赖于 *NF-kB*(Ohazama et al., 2004c)。*NF-kB* 的活性还受到 *TNF receptor-associated factor6*(*TRAF6*)调节(Ohazama et al., 2004b)。已有研究发现:TRAFs 可以与 TNF 家族受体相互作用从而激活 *NF-kB*(Chung et al., 2002)。许多 TRAFs 都在牙上皮中表达(Ohazama et al.,2003)。通过对 *Traf6* 突变型小鼠磨牙表型的研究发现其磨牙牙尖畸形要比 *Eda/Edar/ Edaradd* 突变型小鼠都严重(Ohazama et al.,2004b)。因此,有学者提出 *Traf6* 通过两条相互独立的路径活化 *NF-kB*,首先,*Traf6* 可以直接与 *Troy* 结合(Naito et al.,2002),*Troy* 是一种 TNF 受体,在釉结处有强表达(Pispa et al.,2003),随 *Troy* 征募 *Traf6* 激活 *NF-kB*(Kojima et al.,2000);另一方面,*Edaradd* 也可以征募 *Traf6*(Yan et al.,2002)。因为两条路径都可以激活 *NF-kB*,这也解释了为什么 *Traf6* 突变型小鼠和 *NF-kB* 抑制鼠的牙尖畸形程度相似。所有这些结果都说明了釉结调控着牙的形态发生,TNF 信号路径对磨牙牙尖形成起关键作用。那么,是否有其他 TNF 家族的成员也对牙发育有作用呢? *RANK*(*receptor activator of NF-Kb*), *RANKL* (*RANK ligand*) 和 *Osteoprogerin*(*OPG*)都是 TNF 超家族的成员,它们在骨形成中发挥重要作用,并表达在蕾状期牙胚。在体外培养牙胚时加入外源 OPG 蛋白会导致牙发育的暂时延迟和畸形牙产生,由此说明 *OPG* 也许在牙发育过程中起潜在作用(Ohazama et al., 2004a)。

与此同时,对于在釉结处 Eda 信号是否与其他信号通路有交互调节作用知之甚少。*Wnt6* 可以诱导 *EdaA1* 在牙上皮中表达,*Activin-βA* 也可以诱导 *Edar* 的表达。此外,在 *Lef1* 突变型小鼠的磨牙上皮舌侧 *Eda* 的表达被下调了(Laurikkala et al., 2001)。*Fgf4* 和 *Fgf9* 在釉结中的作用也不十分清楚,*Fgf4* 缺陷会导致鼠胚早死,因而无法检查牙表型,*Fgf9* 突变小鼠无明显牙表型(Feldmann et al., 1995; Colvin et al., 2001a,b)。但是,已有研究证明 *Fgf4* 是 *Lef1* 的直接目标基因,并且 FGFs 可以挽救 *Lef1* 突变型小鼠的牙发育(Kratochwil et al., 2002),*Fgf4* 和 *Fgf10* 也可以部分挽救 Tabby 小鼠的磨牙牙尖畸形(Pispa et al., 1999)。另一方面,*Follistatin* 突变型小鼠的牙尖较野生型鼠也变得较矮较钝(Wang et al., 2004)。*Follistatin* 是 *Activin* 的拮抗蛋白(Nakamura et al., 1990),但是也可通过结合 BMP 蛋白而抑制 BMP 信号通路的作用,只是其结合 BMP 的亲和力较低(Iemura et al., 1998; Balemans & Van Hul, 2002)。*Activin-βA* 基因敲除鼠的切牙和下颌磨牙发育都停滞在蕾状期,而上颌磨牙的发育不受影响(Ferguson et al., 1998)。用 *K14Cre* 在上皮中过表达 *Follistatin* 会导致第三磨牙缺失和磨牙牙尖变钝,且上颌磨牙的畸形较下颌磨牙更为严重(Wang et al., 2004)。*Activin-βA* 可以诱导 *Edar* 的表达,*Follistatin* 可能通过调节 Edar 的水平抑制 *Activin-βA* 活性从而影响牙尖发育,所以,通过对以上结果的分析表明,*Follistatin* 和 *Activin-βA* 在上颌磨牙发育过程中具有相似作用且有功能富余。通过对 *Follistatin* 突变小鼠的分析发现,*Shh* 在磨牙 E14 釉结和 E16 牙上皮的表达都被上调了(Wang et al., 2004)。釉结的凋亡,被认为是为了终止信号中心而进行的自我移除机制(Vaahtokari et al., 1996b)。在釉结消失之后,*Shh* 主要表达在成釉器的星网状层(Koyama et al., 2001)。在牙上皮中失活 *Shh* 会导到严重的牙形成障碍(Dassule et al., 2000; Gritlilinde et al., 2002)。

除了调控牙的形态发生,*Eda* 在维持或扩张牙板范围中也起重要作用,尽管其在最初诱导成牙区域的过程中并非必要。在口腔上皮中过表达 *EdaA1* 可以挽救 *Tabby* 小鼠的第三磨牙缺失(Srivastava et al., 2001),然而,在口腔上皮中持续过表达激活的 TNF 受体偶尔会引起小鼠第三磨牙的缺失,但同时会在第一磨牙前方发育出一个额外牙(Tucker et al., 2004)。这些结果说明,*Eda/Edar* 的信号平衡对于保证最初牙板范围足够形成第三磨牙是必要的。在口腔上皮中过表达 *EdaA1* 也会导致在第一磨牙前方产生一个额外牙(Mustonen et al., 2003)。然而,研究发现在 E13.5 时的野生型小鼠的无牙区有 *Shh* 表达,因此,*Eda* 的过表达可能维持了无牙区牙胚的存在并最终导致额外牙的形成(Mustonen et al, 2004)。在 *Tg737* 突变小鼠的第一磨牙前方也有额外牙形成,*Tg737* 编码的 POLARIS 蛋白对于纤毛的组装是必要的(Zhang et al., 2003a)。进一步检测 *Tg737* 是否在 *Eda* 信号通路中有作用将是很有趣的研究。

1.2.2.5 牙发育成熟期

牙发育的最后阶段主要是牙组织学的分化和牙根的形成, 这个过程中许多基因都发挥了重要作用。

上皮中 *Shh* 功能的缺失并不会影响牙发育过程中的组织分化(Dassule et al.,2000)。但是,上皮中条件性敲除 *Smo* 会导致下颌切牙釉质的缺失(Gritli-Linde et al., 2002)。有研究发现:*Shh*, *Tgfβ* 和 *Wnt* 路径之间的交互作用会影响釉质的分泌和形成,特别是小鼠切牙釉质形成的不对称,在野生型鼠切牙的釉质只在唇侧形成(Matzuk et al., 1998)。*Follistatin* 敲除鼠出生后会死于腭裂,但是仍然在切牙唇侧观察到一层分化良好的成釉细胞,而且在上皮中过表达 *Follistatin* 会影响切牙唇侧成釉细胞的分化(Wang et al. 2004b)。*Follistatin* 可以被 *Activin-A* 诱导,并且通过阻断 BMP 而抑制成釉细胞的分化(Wang et al., 2004b) 。有趣的是,尽管不清楚 *Shh* 是否受到 *Follistatin* 的调控,但是过表达 *Shh* 导致的牙表型与 *Follistatin* 突变型小鼠相同(Wang et al., 2004a)。*K14Cre-Follistatin* 小鼠的切牙表型与在牙上皮中失活 Smo 导致的下切牙表型相似(Wang et al., 2004b; Gritli-Linde et al., 2002)。在两种突变型小鼠中,切牙的舌侧和唇侧都没有成釉细胞分化,另一方面,有实验证明 Wnt 信号可能可以诱导 *Follistatin*(Willert et al., 2002)。在上皮中过表达 *Wnt3* 会导致下颌切牙成釉细胞在出生后进行性的缺失(Millar et al., 2003),这与 *K14-Follistatin* 和 *K14-Ectodysplasin* 小鼠下颌切牙釉质缺失及磨牙釉质早熟的表型相一致(Wang et al., 2003b; Mustonen et al., 2003)。但是,在成釉细胞分化过程中 *Shh*, *TGF-β*, *Wnt* 和 *Eda/Edar* 信号路径之间是否有联系还有待研究。

Krüppel-like factors (KLF) 是一个转录因子家族,其编码的蛋白在 DNA 结合区有一个由三个串联 C2H2 型(Krüppel-like)的锌指结构(Kaczynski et al., 2003)。目前,发现这个家族中的 *Sp1*, *Sp3*, *Sp4*, *Sp7/Osterix* 和 *Sp6/Epiprofin* 都在牙胚中有表达,说明它们在牙发育中有一定作用(Philipsent & Suske, 1999; Black et al., 2001; Supp et al., 1996; Nakashima et al., 2002; Nakamura et al., 2004)。*Sp1* 突变型小鼠胚死于 E10,因此其在牙发育中的作用仍不为所知(Marin et al., 1997)。*Sp3* 的表达很广泛,*Sp3* 突变型小鼠中,成牙本质细胞的特异性基因编码的蛋白 DMP1 和 Tuftelin 能正常产生。但是,尽管有一层排列整齐的成釉细胞,却检测不到成釉细胞特异性基因 Amelogenin 和 Ameloblastin(Bouwman et al., 2000),其具体的分子机制还不清楚。此外,另一个比 KLF 家族具有更多 Krüppel-like 锌指结构的转录因子 Krox-26 也在牙胚中表达,特别是分泌期的成釉细胞(Ganss et al., 2002; Teo et al., 2003)。

磨牙牙冠已基本发育完善时,磨牙牙根的才开始发育。此时,内釉上皮和外釉上皮在牙冠萌出时形成双层的 Hertwig's 上皮根鞘。Hertwig's 上皮根鞘在牙根发育过程中可能起到了很重要的作用(Thomas, 1995; Ten Cate, 1996)。与磨牙不同的是,小鼠的切牙终生保持生长,有实验证明 *Fgf10* 对于保持切牙颈环的上皮干细胞微环境有重要的作用,正是这个微环境保证了切牙的持续生长(Harada et al., 1999; Harada et al., 2002)。与磨牙不同的是,切牙并没有典型号的牙根发育,啮齿类动物的切牙舌侧没有成釉细胞也没有釉质。小鼠磨牙中表达的 *Fgf10* 和 *Fgf3* 在出生后表达都有所下降(Kuttunen et al., 2000),当在牙根开始生长时其表达完全缺失(Tummers & Thesleff, 2003)。因此说明牙颈环处的细胞有两种命运:留在牙冠部位继续产生釉质,或是转变为"牙根"命运并阻止牙冠生长(Tummers & Thesleff, 2003)。

一些信号分子在牙冠发育过程中反复地发挥作用,但是在磨牙牙根发育中 *Bmps* 并不在根鞘上皮中表达,并且其下方的间充质中也没有 *Msx* 转录,说明与牙发育起始不同,*Bmps*,*Msx1* 和 *Msx2* 在牙根发育起始中并没有发挥作用。另一方面,*Bmp4* 表达在牙根尖处的间充质,而 *Msx2* 持续表达于根鞘和残余上皮细胞团块中,说明也许牙根形态发生的机制与牙胚帽状期牙冠形成的机制相似(Yamashiro et al., 2003)。有实验支持这一假设,即 *Msx2* 突变小鼠的磨牙牙根形态异常(Ohshima et al., 2002)。

牙冠和牙根的发育是两个独立的过程,有研究表明:敲除转录因子 *Nfic* 可以在不影响牙冠发能的情况下完全阻碍了牙根的形成。在 *Nfic* 敲除鼠模型中磨牙的牙冠发育完好,但是没有牙根形成,下颌切牙薄而脆弱,上颌切牙生长过度但是舌侧没有牙本质形成。虽然 *Nfic* 在很多器官发育过程中有表达,但是其功能缺失所导致的主要表型,是牙根发育缺陷(Steele-Perkins et al., 2003)。

1.3 小鼠无牙区发育

1.3.1 退化器官概论

在生物进化过程中,祖先的结构或被保留下来,或被改进,或被抑制。然而同源的结构常常在成年个体中发生了一些特异的变化。这种胚胎相似性理论 Baer 提出,并得到 Darwin 的支持,这个理论提示解剖结构的同源性可以由其发育的相似性识别。

尽管某些器官不再明显存在于现存物种的成年动物中,但它们可能并没有完全消失。它们的残基在自然界中普遍存在,也就是所谓的退化器官(rudimentary, atrophied, abortive, vestigial organs)。Darwin 认为器官的废用导致了在其在遗传后代中的进行性减小,最终成为退化器官。他认为对退化器官的研究非常重要,他在研究中写道:"在追踪同类中不同个体相同部位的同源性时,没有比使用和发现退化器官更普遍,更必需的,退化器官就像是单词中的一些字母,只保留其拼写并不发音,但是可作为寻找其演变的线索(Peterkova, 2006)。"

退化和残余结构被认为是进化过程中被抑制的祖先器官的残基,并且这些残基在现代物种中规律性地出现。例如,人类就有超过 100 种退化结构,包括阑尾、尾骨、耳部运动肌肉等(Gilbert, 2003)。鲸类的后肢是另一个例子,尽管后肢在水栖哺乳动物的进化过程中消失,但是其早期发育仍然存在于大多鲸类的个体发育过程中:后肢发育的起始是正常的,后来又消失。但有时也可以发育成一个非常小的后肢,被认为是返祖现象,这种返祖现象发生的概率大概每5000头抹香鲸中有一头(Hall, 1984)。

返祖和痕迹虽都和祖先相关,但是返祖不能归为痕迹的一种,返祖只在某个个体中偶然发生,而痕迹是有规律地出现在某个种群的所有个体。不管是返祖还是痕迹都可以帮助追踪进化过程中的器官退化。

进化重演或是祖先发育阶段的重复发生,痕迹的存在以及返祖,都被认为是系统发生记忆并可以帮助我们更好地理解进化过程。

1.3.2 哺乳动物牙返祖及牙退化遗迹

在哺乳动物中常常会自然地长出额外牙,且长出的位置正是进化过程中祖先牙缺失的部位,如鹿的尖牙。因此,额外牙可以被认为是一种返祖现象(Wolsan, 1984a),如食肉动物的额外切牙(Wolsan, 1984b)。作者认为这种返祖的结构可能是现存的物种中仍然表达了祖先的基因导致的。

化石记载证明进化过程中牙逐渐变小,形态变得简单,逐渐消失,最后只在牙本该出现的部位剩下一个发育痕迹,其通常被认为是牙退化高级阶段的最后表现。这个牙发育痕迹有助于判定牙的系列同源性及解释物种间进化关系(Peterkova, 2006)。

退化牙一般是由不规则的非典型牙本质形成,没有牙本质小管且常是细胞性的。牙可能含有牙骨质样组织,但是没有釉质。这种退化牙一般不主动萌出,也不行使功能,且它们的成釉器没有星网状层和具有分泌功能的成釉细胞。除了具有硬组织的退化牙外,在许多物种中也发现了退化的牙胚始基,其发育不能跨越帽状期,这些物种包括:一些有袋类动物、海豹和绵羊(Peterkova,2006)。啮齿类动物中,在小鼠和田鼠的无牙区有退化牙胚始基出现。在小鼠、大鼠、兔的切牙成釉器的前下方有一个小的残留牙形成(Witter et al., 2005;Peterkova R., 2006)。

实验研究发现,小鼠胚胎上下颌牙列中含有的牙胚原基是成年鼠牙数目的三倍。小鼠胚胎中,在切牙牙胚的近中侧就有一个牙胚原基,在无牙区也有牙胚原基。小鼠是最常被用来做为动物模型研究牙和无牙区牙胚原基的(Peterkova et al., 1993, 1995, 1996; Lesot et al., 1998; Viriot et al., 2000)。

与哺乳动物基本牙列相比,小鼠功能性牙列中牙数目大大减少,每个象限有一个切牙,三个磨牙和其间很大的无牙区。小鼠胚胎发育中的牙列与成年鼠功能牙列不同,因其胚胎期有退化牙胚始基的存在。人们预料退化牙胚始基应该像发育不良的结构,故而易于与真正的牙胚区分。但令人惊奇的是,这些牙胚残基在它们出现时并不像发育不良、退化的、萎缩的器官,尤其是位于上下颌无牙区远中部位较大的残基看起来非常像牙列中发育良好的牙胚。在 E12.0 ~ 13.5 大的无牙区牙蕾甚至是最明显的牙上皮衍生物,而第一磨牙在此时的形态发生延迟(Peterkova,2006)。

1.3.3 无牙区牙胚发育

无牙区牙胚发育始动之后,在 12 ~ 24 小时的时间里发育良好,最大程度能达到蕾状期。然后由于一些原因其发育进程被阻断了,无牙区牙胚开始凋亡,并且其凋亡按一种精确的时空模式影响上皮(Peterkova et al., 2003)。上颌无牙区小的基板(placodes)消失后没有任何踪迹。下颌第一磨牙前方有两个大的无牙区牙蕾;其命运不尽相同。在下颌无牙区后部的牙蕾(R2)仅临时性地受到凋亡的影响,然后融入第一磨牙的帽状期牙蕾并参与其前部的形态发生。下颌无牙区前部的牙蕾(MS)和上颌两个大的无牙区牙蕾(D1 和 D2)受到凋亡强烈的影响并转化为上皮嵴。这些上皮嵴后来部分的融合到扩大的钟状期第一磨牙牙胚中(Lesot et al., 1996; Viriot et al., 2000)。在对突变型小鼠研究中发现,即使只是这样的残基仍然有可能影响第一磨牙钟状期最前部的形态发生(Peterkova et al., 2005)。

因为小鼠上颌无牙区小的牙胚残基(the small vestiges)数目多,且为牙板-牙蕾形态学(palcode-bud morphology),所以,可能是在哺乳动物祖先系统发生过程中形成的牙的记忆(图 1-2)。大的无牙区牙蕾则与啮齿类进化过程中消失的前磨牙残迹有关(Peterkova et al., 2000; Viriot et al., 2002)。

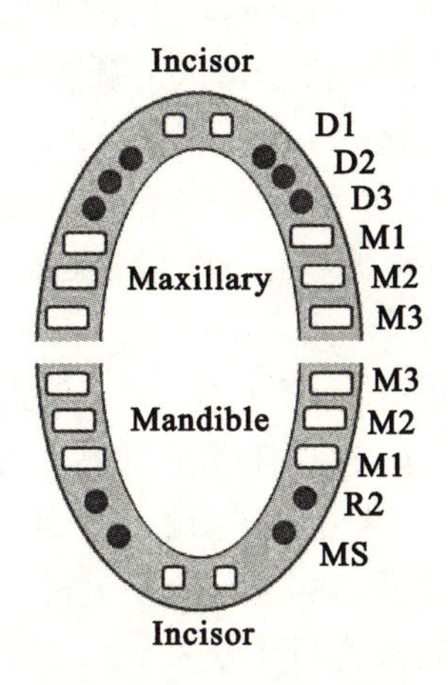

图 1-2　小鼠胚胎期上下颌牙列模式图

既然无牙区牙蕾是很明显的结构，为什么最近才被检测到呢？显然不是因为它们结构不清楚。如果仅观察 E12.0～13.5 的组织切片，它们容易被误认为是第一磨牙牙胚的一部分。导致这种误解可能是因为，通过对二维切片结构的观察我们并不能完全正确地理解动态的牙发育，原因有以下三个方面：①牙胚始基以三个连续的波形出现；②一旦一个新的成分在后方开始分化时，前方的一个已经退化；③即使前磨牙始基在冠状切片上可根据其特定形态区分出来，但如果不是连续切片，鉴别它们并不容易。这是因为牙蕾不是从口腔上皮板突出的独立的球状结构，而是连续的波形隆起，该隆起和上皮团在冠状切片上均呈现蕾状（Peterkova et al., 2002a）。

对小鼠和田鼠第一磨牙的起源进行了比较发现，在上颌，小鼠第一磨牙前的两个大的无牙区牙蕾均消失，而田鼠中仅前方的无牙区牙蕾退化消失，后方的牙蕾融合到上颌第一磨牙中，田鼠上颌无牙区这种前方牙胚退化，后方牙胚融入第一磨牙的情况与小鼠下颌无牙区相似（Witter et al., 2005）。与小鼠相比，田鼠的上合第一磨牙的前部边缘向前移位。在下颌，相对于小鼠，田鼠下颌第一磨牙向前延伸且牙尖数目增多，这些差别可能是由于田鼠胚胎原发性釉结中下原尖(protoconid)的位置较靠后(Jernvall et al., 2000)。这些差异可能是由于田鼠下颌第一磨牙帽状期成釉器的前方加入了额外的成分——由于田鼠比小鼠的下颌第一磨牙多融合了一个前磨牙残基(如:两个前磨牙残基均融合到田鼠下颌第一磨牙帽状成釉器,小鼠下颌第一磨牙仅融合了一个无牙区牙胚残基)(Peterkova,2006)。

通过组织切片和三维重建技术,对小鼠无牙区牙胚的发育有了更清楚的理解。在上颌口腔面最初的上皮增厚可以发育成未来的牙板、口腔前庭板和腭皱,当然也包括了无牙区和磨牙部位(Peterkova, 1985)。上颌的增厚上皮与切牙部位是分离的,稍后口腔前庭板、无牙区-磨牙牙板和腭皱板也相互分离。无牙区牙板在近中与切牙牙板是不连续的,有间隙分隔,其远中侧融入了磨牙牙板的近中。随着胚胎发育的进行,上颌第一磨牙前方的两个上皮蕾(D2,D3)形态变得明显,但是比切牙牙蕾和磨牙牙蕾都小。然后 D2 和 D3 上皮蕾开始变小,同时其前部向近中融入了切牙牙蕾,后部向远中融入磨牙牙蕾,此时,整个上颌出现了一个连续的上皮嵴,其中包含了切牙,磨牙牙胚和无牙区牙胚始基,但是这个连续的上皮嵴只是一个暂时性的结构。E13 时,上颌无牙区牙板在 D2 和 D3 之间断开,无牙区牙和切牙牙板相连的部位出现了上皮蕾 D1。之后整个上颌的无牙区牙板便逐渐消失,只有一些不明显的结构残余在稍后的胚胎发育中还能观察到(Peterkova, 1995)。

在小鼠胚胎的下颌,E12.5 时,近中的 MS 是上皮向间充质的卷折中最明显的部分,MS 容易被误以为是第一磨牙的一部分,MS 最终消失并不参与第一磨牙冠的形成。E13.5 时,一个较大的牙蕾 R2 在 MS 的远端出现,尽管 R2 暂时性代表了 E13.5 牙上皮的主要部分,但是,它最终只参与形成了第一磨牙牙冠近中端的一小部分(Viriot, 2000)。

1.3.4 凋亡与牙胚退化

程序性细胞死亡是正常发育过程中一种生理现象。凋亡是死亡的一种形式,其特征是:细胞皱缩,胞质变得致密,染色质聚集和细胞表面褶集。然后胞质和胞核碎裂变成不同大小的凋亡小体，由邻近的活细胞吞噬。凋亡细胞的存在和清除不会诱发炎症反应(Tureckova, et al., 1996)。脊椎动物中的程序性细胞死亡通常都是以凋亡的形式出现(Peterkova, 2003)。

在牙列发育的过程中，凋亡以不同的时间在上皮中有序地出现。细胞降解最早在人和小鼠的磨牙中被观察到。这种细胞死亡随后在小鼠被证明是凋亡，在小鼠牙上皮中，凋亡以特殊的时空形式出现在某些特定的区域，它可以抑制某些牙胚原基的发育，使得小鼠的牙列发育成具有一定牙形态和数量的功能性牙列。

在无牙区牙胚原基的早期消退阶段，细胞凋亡主要存在于上皮牙蕾的颊侧面，中心和表面上皮细胞受累尤其明显，最后，细胞凋亡扩展到整个无牙区上皮。与无牙区上皮相邻的间充质中仅检测到零星散在的死亡细胞。对 E12.5～13.5 小鼠胚胎无牙区上皮凋亡进行三维重建显示，在 E12.5 和 E13.0 时，与 D2 和 D3 相应的区域内，大量的凋亡细胞/细胞体主要出现于颊侧，在其余部分的口腔上皮中，凋亡细胞只是偶尔出现；E13.5 时，D2 和 D3 之间的距离变大，最靠前的 D1 始基清晰且颊侧有明显的细胞凋亡，向远中方向，凋亡一直延伸到整个无牙区上皮，接着无牙区牙板在 D2 和 D3 之间断开，在 D1 始基的颊侧仍可检测到凋亡细胞，凋亡贯穿正在退化中的 D2 和 D3 始基，此时，凋亡也存在于腭皱和唇皱中(Tureckova, et al., 1996)。在 D 始基和上颌切牙牙蕾的消退中，凋亡上皮细胞聚集。与磨牙区上皮的分段生长相似，凋亡也以三个有序的波形出现：在 E12.5 时，影响大的是前磨牙区始基上颌 D1、下颌 MS；在 E13.5 时，是上颌 D2、下颌 R2；在 E14.0 时，出现在第一磨牙的原发性釉结(Peterkova et al., 2002)。

1.3.5 无牙区牙胚基因调控

为了分析小鼠无牙区发育的基因调控，有学者比较了一系列基因在小鼠上颌无牙区及磨牙表达的差异，这些信号分子有：*Bmp2*，*Bmp4*，*Fgf4*，*Fgf8*，*Shh* 和它们的靶基因 *Lef1*、*Msx1*、*Msx2*、*Pitx2*、*Pax9* 及 *p21*。这些基因在小鼠的牙发育各个方面都起了重要的作用。

Shh 从 E11 开始就广泛地表达于牙上皮中，而后于腭皱和蕾状期成釉器中表达上调，其在牙上皮中表达在蕾状晚期消失，然后在帽状期釉结中的表达强烈。小鼠整个上颌无牙区牙蕾有 *Shh* 表达，并且其表达与腭皱和原口相连续。*Bmp2* 与 *Shh* 一样，也在牙上皮中和早期上皮信号中心表达。不同的是，*Bmp2* 并不在腭皱中表达，*Bmp2* 表达的上调稍晚于 *Shh*。*Pitx2* 首先也广泛地表达于整个牙上皮，然后集中表达于无牙区和磨牙牙蕾上皮中，并在磨牙和切牙的早期上皮信号中心中下调，但在牙上皮的其他部位中持续强烈地表达。上皮中 *Lef1* 的表达与 *Shh* 相似，表达于早期牙上皮、形成中的牙胚、腭皱和早期上皮信号中心。小鼠 E14 时 *Lef1* 在无牙区牙蕾中的表达下调，但在磨牙和切牙的表达上调。在小鼠无牙区间充质中，*Msx1* 的表达一直持续到 E13，与磨牙有所不同的是，*Msx1* 在无牙区牙蕾的上皮中也有表达。在小鼠无牙区牙蕾和磨牙牙胚的比较中，早期出现的最明显的差别是 *Pax9* 的表达，E11 时 *Pax9* 在无牙区间充质的表达较磨牙区间充质微弱，并且其在上颌前部及未来无牙区部位的表达水平都低于未来切牙和磨牙发育的部位，*Pax9* 的表达受 *Fgf8* 的诱导，而 *Bmp4* 可抑制其表达，从原位杂交结果分析，E10 时 *Fgf8* 的高峰在 *Bmp4* 的后方，这种趋势在 E11 时变得更为明显，由此可见，*Bmp4* 信号在未来无牙区的部位要强于 *Fgf8* 信号，因此，*Pax9* 在未来无牙区的表达可能受到了 *Bmp4* 信号的抑制。*Bmp4* 在无牙区间充质的表达弱于磨牙区间充质，E12 小鼠无牙区牙蕾中，*Bmp4* 的表达主要集中在中央和表面的细胞（Soile，1999）。

此外，有学者分析过 *Msx1* 和 *Msx2* 在小鼠下颌无牙区及磨牙中的表达差异。原位杂交结果表明在无牙区 *Msx1* 在间充质表达而 *Msx2* 在上皮表达，这一结果与其在磨牙中的表达相似（Yamamoto et al.，2005）。最近有学者从动态的角度观察 *Shh* 在小鼠下颌的表达，研究发现，*Shh* 的表达区域随着发育的进行越来越靠近下颌后方，这一表达模式刚好与下颌无牙区牙蕾 MS，R2 及第一磨牙的发育顺利相照应。通过切片原位杂交及三维重建相结合的方法可见，*Shh* 的表达确实在 E12.7，E13.3，E14.3 分别对照三个位置即 MS，R2 及第一磨牙（Prochazka，2010）。另有学者发现在牙发育早期，有多个

BMP家族的信号肽在无牙区表达(Aberg,1997),*Bmp4* 在小鼠牙胚中有负调节 *Shh* 的作用(Zhang, 2000),但是体外实验中用重组蛋白BMP4并不能抑制 *Ptc1* 在分离的无牙区间充质的表达(Cobourne, 2004)。

小鼠无牙区牙缺失的分子机制仍不清楚,但在许多突变型小鼠和转基因鼠的模型中会在无牙区长出一个额外牙,由此证明小鼠无牙区仍具有牙形成的潜在能力(Sofaer, 1969; Zhang et al., 2003; Kangas et al.,2004; Tucher et al.,2004; Kassai et al., 2005; Klein et al., 2006; Ohazama et al., 2009; Ahn et al., 2010; Cobourne & Sharpe, 2010)。*Wise* 是 *Wnt* 信号通路抑制因子, *Spry2* 和 *Spry4* 是FGF信号路径的负调控基因,这两种突变小鼠模型中都可以观察到无牙区牙胚原基的细胞增殖上调而凋亡被下调,从而无牙区牙胚得以继续发育(Peterkova et al., 2009; Ahn et al., 2010)。有研究证明这些突变型小鼠的额外牙是由无牙区牙蕾R2发育而来的(Peterkova et al., 2009; Ahn et al., 2010)。这些结果证明无牙区不能成牙是受到了一些基因的抑制。通过组织重组实验发现,小鼠下颌无牙区间充质不能维持其牙胚的发育,由此得出间质充的缺陷是致使小鼠下颌无牙区不成牙的主要原因(Yamamoto et al., 2005; Yuan et al., 2008)。

FGF信号路径在正常牙发育中起了重要的作用,而在 *Spry2* 和 *Spry4* 的突变小鼠在无牙区有额外牙长出,说明无牙区牙蕾的继续发育需要FGF(Tummers & Thesleff, 2009)。和许多其他器官一样,牙发育也需要上皮-间充质之间信号分子的相互作用。FGF家族的许多成员参与了牙发育的多个阶段,包括牙发育位置的决定、发育的起始、牙的生长及牙尖的形成(Peters & Balling, 1999; Thelsleff & Mikkola, 2002)。在这些参与了牙发育的FGF家族成员中,*Fgf8* 在牙发育出现形态变化之前就表达未来成牙部位的上皮中,并持续表达到蕾状期,它参与了牙发育位置的决定,诱导多个成牙相关的基因表达,并起动了磨牙的发育(Neubuser et al.,1997; Grigoriou et al., 1998; Tucker et al., 1998; Trumpp et al., 1999; St Amand et al., 2000)。此外,*Fgf8* 还可以诱导 *Fgf3* 在牙间充质的表达;*Fgf3* 在间充质的表达作为反馈信号又作用于牙上皮(Kettunen et al.,2000)。

1.4 哺乳动物继发腭的发育

同哺乳动物的其他器官一样,继发腭也是由上皮和间充质发育而来。腭上皮来源于鳃弓外胚层,间充质则有两个来源,大部分的腭间充质细胞来源于颅颌面神经嵴,另一部分来源于头部的中胚层。综合细胞形态学、部位及基因表达的不同,腭上皮可分为口腔面、鼻腔面和中缝上皮(Ferguson, 1998)。腭上皮由上层柱状细胞及其上覆盖的扁平的细胞组成,在腭部上抬之前很难从形态学上区别上皮各部分,当腭部开始上抬时,其背面的上皮细胞分化为鼻腔的假复层鳞状上皮,口腔面的上皮发育成鳞状口腔上皮,而中线上皮的形态介于两者之间,当两侧的腭板融合时 MEE 将发育成单层细胞组成的中缝上皮(medial epithelial seam, MES),随着两侧腭板发育成一个完整的继发腭,MES 细胞将最终消失。以往的研究表明,MES 的消失可能是由于多种机制的共同作用,包括细胞迁移、细胞死亡和上皮-间充质转化(epithelial-mesenchymal transformation, EMT)(Carette & Ferguson, 1992; Cuervo et al., 2002; Griffith & Hay, 1992; Martinez-Alvarez et al., 2000)。腭部间充质细胞主要来源于胚胎发育早期位于神经板侧缘的神经嵴细胞(Ito et al., 2003)。神经嵴细胞从背侧神经管表面迁移至胚胎腹侧并分化多种不同的细胞,最近的研究证明神经嵴细胞的最终分化受到环境的影响。以腭发育为例,许多诱导信号来自于本来就存在于腭板周围的细胞,如鳃弓外胚层和颅部外侧的中胚层(Chai & Maxson, 2006; Francis-West et al., 2003)。

上皮和间充质之间的相互作用从许多方面影响着腭部的发育,如细胞增殖和分化、基因表达。组织重组实验的结果表明腭部上皮的分化是受间充质细胞调节的(Ferguson, 1998; Ferguson & Honig, 1984),将小鼠 E9 第一鳃弓上皮与 E12 腭部间充质重组在体外培养 3.5 天,第一鳃弓上皮会分化为腭部特有的口腔角质化鳞状上皮,中缝细胞及鼻腔部有纤毛的假复层上皮,相似的结果在鸡和短吻鳄实验中被报道过(Ferguson & Honig,1984)。

小鼠腭部上皮向不同类型上皮决定发生在 E12 或 E13，但是将 E12 或 E13 的腭上皮与同时期的不同部位的腭间充质重组时，腭上皮的分化方向将被间充质重新诱导，比如，将腭中缝周边的上皮与腭中缝的间充质重组，本该分化为口腔上皮或鼻上皮的腭上皮会被腭中缝间充质重新诱导，分化为中缝上皮。另一方面，腭间充质的细胞增殖需要来自于腭上皮的信号，将 E13.5 腭上皮去掉后，在体外单独培养腭间充质 8 小时后，腭间充质中只能检测到很少的增殖细胞（Zhang et al., 2002）。因此，在 E13 时腭上皮对维持间充质细胞的增殖有重要作用。

从理论上讲，腭部上皮-间充质相互作用的途径有三种：细胞与细胞间直接接触；可溶解的旁分泌因子；两者兼而有之。通过扫描电镜观察小鼠腭部发育的各个时期上皮与间质相对应的面，发现上皮细胞很少与间充质细胞直接接触（Ferguson, 1988）。因此，细胞与细胞间的直接接触似乎并不是调控腭部发育时期上皮与间充质之间相互作用的主要因素。以往的实验证明有许多旁分泌因子在调节腭发育组织间相互作用方面发挥了重要的作用。这些生长因子相互作用，形成了一个分子间作用的网络，从而调节着细胞的增殖、死亡、迁移和分化，从而保证了继发腭正常发育的需要（Gritli-Linde,2007; Murray & Schutte,2004）。例如，*Shh* 虽然在 MEE 及未来腭皱上皮特异性的表达，但是却调节着腭突间充质的细胞增殖，*Shh* 本身在上皮的表达也受到间充质表达的生长因子的调节，在上皮特异的敲除 *Shh* 可以造成腭裂的表型，说明腭部发育需要 *Shh*（Gritli-Linde, 2007; Rice et al., 2004）。在体外组织培养的腭突植入抗 SHH 蛋白抗体小珠可导致腭突间充质细胞增殖的抑制（Zhang et al.,2002）。*Smo* 可编码 *Shh* 的受体，在腭突上皮和间充质都有表达，但是上皮特异性的失活 *Smo* 不会影响腭部的发育，由此证明 *Shh* 调节细胞增殖是以一种间充质依赖性的方式进行的。随后有研究发现，在体外培养殖的腭突中加入 *Shh* 蛋白小珠可诱导腭突间充质表达 *Bmp2*，另外，而 *Bmp2* 的蛋白可挽救因 *Shh* 信号受阻而引起的细胞增殖障碍，可见 *Shh* 是通过 *Bmp2* 调节腭突间充质细胞增殖的。另一方面，*Bmp4* 调节 *Shh* 的表达，在 *Msx1* 突变型小鼠模型中 *Bmp4* 和 *Shh* 表达都被下调,但是 *Shh* 的表达水平缺陷可被在腭突间充质异位表达的人 BMP4 蛋白挽救(Zhang et al.,2002)。*Shh* 还受到间充质中 *Fgf10* 的调节,*Fgf10* 突型小变鼠腭突中 *Shh* 表达被下调,在野生型小鼠的腭突中植入 FGF10 的蛋白珠子可以诱导 *Shh* 在腭突上皮的表达(Rice et al., 2004)。现在学者们普遍认为这些可扩散的生长因子,包括 *Shh*, *Fgf*, *Tgf-β* (包括 *Bmp*)和 *Wnt*,通过调节着腭突上皮与间充质间的相互用,决定了腭突发育各个时期的细胞行为和形态变化。

1.4.1 腭部发育的不同阶段

哺乳动物腭部发育包括起始、腭突长出、抬升和继发腭突的融合。小鼠的腭部发育过程与人类极为相似,因此可作为研究人类腭部发育的细胞及分子机制的模型。在小组鼠模型中,腭突发育起始于 E11,相当于人胚 6 周,此时在两侧的上颌突中腭突出现了;从 E12.5 到 E13.5,腭突贴着发育中的舌向口腔下方垂直生长,此时,下颌突的生长快于颅颌面部的其他部位,从而使舌的位置下移,给发育中的口腔带来了更大的空间;E14 时,因为口腔的空间变大,本来垂直生长的腭突上抬至舌背部并达到水平方向。此后,腭突在水平方向上继续生长,并在面部中线与对侧的腭突相接、融合,此时在两侧腭突融合处就出现了一种暂时性的上皮结构,即中缝上皮(MES)。中缝上皮之后会程序性地减少,并最终消失,使得继发腭的间充质得以连续。在两侧继发腭相互融合的同时,它们也与前方的原发腭发生了融合,从而将早期的口鼻腔划分为口腔和鼻腔。融合后的继发腭前三分之二部分会继续分化为骨化的硬腭,而后三分之一分化为肌性的软腭。

1.4.2 腭部发育的分子机制

虽然继发腭的发育过程不像心脏、肺等器官那么复杂,但它也绝不是一个简单的过程(图 1-3)。腭突的长出、上抬和融合在时间和空间上都要很精确,腭部发育的每一步都由分子作用的网络严格控制,任何一个时期受到干扰,不管是在基因方面还是环境方面,都将使整个过程受到影响,从而导致颅颌面部最常见一种畸形——腭裂。

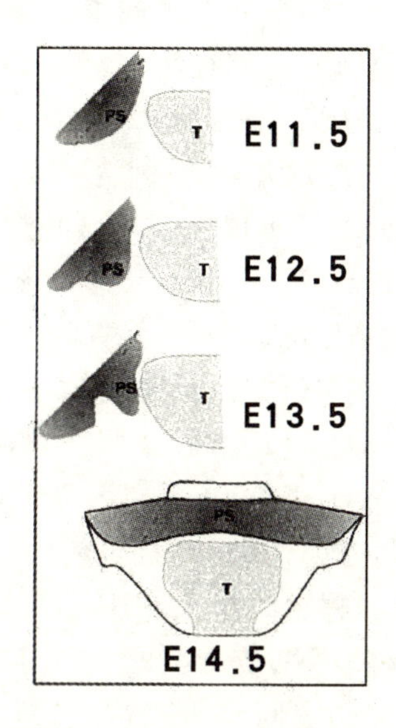

图 1-3　小鼠继发腭发育模式图

1.4.2.1　腭突的长出

保证腭突发育的第一步就是腭突在上颌突中正常长出，这一步主要依赖于细胞的正常增殖。如果将细胞增殖需要的生长因子或转录因子失活，都将导致腭突不生长和腭裂。*Msx1* 突变型小鼠中，由于腭突间充质细胞增殖受影响而导致腭突不能正常发育（Satokata & Mass，1994；Zhang et al.，2002）。值得注意的是，*Msx1* 突变型小鼠的腭突间质低于正常水平的细胞增殖，可以被异位表达的 BMP4 蛋白所挽救（Zhang et al.，2000；2002）。*Bmp4* 在很多器官发育过程中都被发现有调节细胞增殖的作用（Kishigami & Mishina，2005；Nie et al.，2006；Zhang et al.，2002）。因此，在调节腭突间充质细胞增殖方面 *Msx1* 和 *Bmp4* 形成了一种正向调节循环。*Bmp4-Msx1* 这种正向的相互作用可以直接调节腭突间质细胞增殖，也可通过其他的生长因子间接调节，如 *Shh*。*Shh* 的表达在 $Msx^{-/-}$ 小鼠腭板中下调，但是可以被异位的 BMP4 挽救（Zhang et al.，2002）。同样，在 *Fgf10* 突变型小鼠中 *Shh* 的表达也被下调了（Rice et al.，2004）。因此，*Shh* 可能是一个常见的调节继发腭细胞增殖的因子，*Msx1*，*Bmp4*，*Fgf10* 和 *Hand2* 都可能参与了 *Shh* 信号路径。

目前还不清楚 *Fgf10* $^{-/-}$ 和 *Hand2* 缺陷小鼠腭突细胞增殖减少，是否是因为 *Shh* 下调而引起的，因为 *Shh* 是在腭突上皮表达，但是 *Fgf10* $^{-/-}$ 和 *Hand2* $^{-/-}$ 小鼠细胞增殖减少是发生在腭突间充质。在小鼠上皮中特异性的失活 *Smo*，并不影响正常的腭突发育，由此证明 Shh 对细胞增殖的调控是通过间充质表达的基因实现的(Rice et al.,2004)。许多研究结果也为这一理论提供了证据，首先，*Shh* 的受体 *Patched1*(*Ptc1*)和转录调节子 *Gli3* 在腭突上皮和间充质中都有表达(Rice et al.,2006)；在腭突间充质表达的 *Bmp2* 作为 *Shh* 信号路径的调控因子调节着腭突间质的细胞增殖(Zhang et al.,2002)；体外培养腭突时植入 SHH 蛋白小珠可以诱导 *Bmp2* 的表达，而 BMP2 蛋白可以诱导异位的细胞增殖(Zhang et al., 2002)。此外，*Sall3* 在腭突间充质表达，它是 *Spalt* 基因家族的一员。在许多其他器官发育的研究中已经发现，*Sall3* 也是 *Hedgehog* 信号的另一个下游目标基因(Koster et al., 1997; Sturtevant et al., 1997)。*Sall3* 功能缺失小鼠也有腭突缺陷，其特点是软腭和会厌发育不正常，因此 *Sall3* 可能是腭突发育过程中另一个 *Shh* 信号路径的调节因子(Parrish et al., 2004)。

除了 *Shh*、*Msx1*、*Bmp2* 和 *Bmp4*，还有很多与腭突细胞增殖相关的调节因子，包括：*Shox2*、*Osr2*、*Tgfrb2*、*BmprIA*、*Mn1* 和 *Tbx22* 等(Yu et al.,2005; Lan et al., 2004; Ito et al., 2003; Liu et al., 2008)。值得注意的是，有些基因虽然对维持细胞增殖是必要的，但是异位表达这些基因也会抑制细胞增殖。其中一个例子就是 *Fgf10*，*Fgf10* 突变小鼠腭突上皮的细胞增殖被下调，但是在体外腭突前部加外源的 FGF10 蛋白也会抑制细胞增殖(Alappat et al., 2005; Rice et al., 2004; Yu et al., 2005)。这些结果说明，在腭突发育过程中正常的基因表达水平对维持细胞增殖是必要的。

以上的例子说明：细胞增殖的抑制会导致腭裂的发生；另一方面，异位的细胞增殖也会导致腭突发育异常。*Tgfrb2* 突变小鼠的细胞增殖相对于野生型鼠有显著的增高，但是仍然有腭裂表型(Dudas et al.,2006)。由此说明,精确的细胞增殖水平对于正常的继发腭发育是必要的。

除了细胞增殖,改变细胞凋亡也会影响腭突发育,在正常的腭突发育过程中是没有细胞凋亡的,但是在一些突变型小鼠模型中可以异位激活细胞凋亡,从而导致异常的腭突发育,这类细胞凋亡有时也会伴有异常的细胞增殖(Gritli-Linde, 2007)。

1.4.2.2 腭突的上抬

腭突垂直长出后紧接着是腭突的抬升,Ferguson 在 1988 年总结了抬升的分子机制。基本上,腭突上抬的过程包括腭突前 1/3 的“弹起”和腭突后部 2/3 的“重塑”。虽然很多因子为腭突的上抬提供了内在动力,但是一些局部特异的糖胺聚糖的积累是主要动力,这些糖胺聚糖中主要的是透明质酸。透明质酸是一种可以被高度结合的分子,它可以结合十倍于自身质量的水,所以它可以形成一种含水的胶质,以致细胞外基质的扩张并可以迅速有效地改变渗透压浓度。在腭突发育过程中,透明质酸在腭突前部的作用大于后部,并且在口腔面的作用大于背侧鼻腔面。除了透明质酸,其他腭突成分,包括胶原纤维、血管形成、上皮覆盖和间充质细胞成行排列也对腭突的上抬有作用(Ferguson,1988)。

腭突细胞可以通过分泌神经递质调节间质细胞伸缩性和糖胺聚糖的降解,由此说神经递质同样与腭突上抬相关(Zimmerman & Wee,1984)。事实上,神经递质 γ-氨基丁酸(GABA)不仅可以调节神经元活性还可以调节非神经元细胞迁移、增殖、生长和分化(Varju et al., 2001)。另外一种生物合成酶 Gad67 也在腭突中被检测到(Asada et al.,1997; Hagiwara et al., 2003)。小鼠如果缺少功能性的 GABA 受体或 Gad67 都将导致腭裂,进一步说明了 GABA 信号路径在腭突发育中的作用(Asada et al.,1997; Condie et al., 1997; Culiat et al., 1995; Homanics et al., 1997)。因为 GABA 作为一种递质对大脑有不可或缺的作用,因此有学者提出 GABA 信号路径缺陷小鼠的腭裂可能是由大脑畸形引起的继发表型,但是这个结果被后来的实验否定了,因为特异性地在腭突敲除 GABA 的受体也会引起腭裂,证明 GABA 信号路径是从本质上调节腭突发育的(Hagiwara et al.,

2003)。以往的实验证明 GABA 或是 GABA 的激活剂受到抑制会阻碍腭突的上抬,但是 GABA 的阻抗剂会刺激这个过程(Miller & Becker,1975; Wee & Zimmerman,1983)。最近发现人类基因 GABRB3 和 GAD1 突变与非综合征性腭裂高度相关,GABRB3 可以编码 GABA 受体的 β-3 亚单元,GAD1 编码 GABA 的一个生物合成酶(Kanno et al., 2004; Scapoli et al., 2002)。

腭突上抬是一个迅速的过程,它的发生需要时间和空间上的精确性。当舌肌变成有功能性的肌肉并且胎儿有条件反射时,腭突开始上抬(Humphrey,1968; Humphrey,1969; Wragg et al.,1972)。腭突上抬之后便是腭突的融合和骨化,当腭突上抬的发生变化时,腭突的融合和骨化也会受到影响,因此,在一些基因突变型小鼠模型中,当腭突融合被延迟时会导致腭裂的发生,如 *Osr2*$^{-/-}$、*Pdgfc*$^{-/-}$ 和 *Dancer* 突变型小鼠(Bush et al., 2004; Ding et al., 2004; Lan et al., 2004)。这种转基因小鼠腭突上抬延迟的机制仍不是很清楚,但是除了腭裂它们没有任何其他颅颌面部的畸形,从空间上讲,腭突的上抬发生在舌下降使得口腔空间增大时,在上抬过程中头部的横向生长几乎停止,但是纵向的生长仍在继续(Diewert,1978)。这种不对称的生长使得舌的位置下降,给腭突上抬提供了空间,因此,舌不能正常下降也会影响腭突上抬。*Hoxa2* 突变小鼠的腭裂表型就是因为舌骨舌肌错位生长到舌骨中而改变了舌的正常位置造成的,当失活 *Hoxa1* 后,舌的畸形得以纠正,此时,*Hoxa2* 突变小鼠的腭裂比例有显著下降(Barrow et al.,1999)。另外,有学者认为 *Ryk*$^{-/-}$ 小鼠的腭裂表型也是因为舌的下降受阻而影响了腭突的上抬(Halford et al., 2000)。这些突变型小鼠为研究继发腭裂提供了模型。

除了腭突本身的上抬缺陷和舌的阻碍,上皮的异常分化也会影响正常的腭突发育。例如,*Fgf10*$^{-/-}$ 小鼠的腭突上皮有异常的凋亡,从而导致腭突与邻接的舌及下颌融合(Alappat et al.,2005)。这种异常的融合使得腭突不能按时上抬,而造成了腭裂,进一步的研究发现,在 *Fgf10*$^{-/-}$ 小鼠腭突异常融合的部位的上皮细胞凋亡破坏了上皮的完整性,从而增加了腭突与周围组织融合的机会,这可能与该部位 *Jagged2* 表达被抑制而 *Tgfβ3* 被激活相关(Alappat et al.,2005)。

在小鼠中失活 *Jagged2* 也会导致腭突与舌的融合(Casey et al.,2006; Jiang et al., 1998)。但是扫描电镜结果发现,*Jagged2* 突变型小鼠的上皮分化缺陷并不是在腭突,而是在舌上皮,并且腭突上皮 *Tgfβ-3* 的表达也没有改变(Casey et al.,2006)。这些研究结果表明,*Fgf10* 突变型小鼠的腭裂是受异常表达的 *Jagged2* 和 *Tgfβ3* 共同作用的,腭突表皮及相邻组织上皮的异常分化是造成腭裂的原因所在。

与 *Fgf10*$^{-/-}$ 相似,*Inerferon regulatory factor6*(*Irf6*)突变型小鼠的腭裂也是因为腭突上皮的异常分化造成的(Richardson et al.,2006)。*Irf6* 在上皮角质细胞增生－分化的转化中起关键作用,当 *Irf6* 被失活时,小鼠表皮会过度增生而分化不足,从而导致异常融合和腭裂(Richardson et al., 2006)。*Irf6*$^{+/-}$ 小鼠的腭突可以上抬,但是这一过程伴有腭突与邻近组织的融合。进一步的研究表明,*Irf6* 可以通过与 *Sfn* 相互作用来调节角质细胞的分化和增殖,*Sfn* 可以调节细胞周期(Richardson et al.,2006)。角质细胞增殖－分化转换的改变是 *Irf* 突变型小鼠和 *Irf* 杂合鼠腭突发育畸形的原因。

1.4.2.3 腭突融合

两侧腭突在水平方向上的融合是完整的腭部发育的最后一步,这一重要步骤包括了一系列的事件:表面上皮细胞的移除,MES 的形成,MES 的程序性移除。最后一步对于腭板间充质连续性很重要,由此产生了完整的继发腭。

腭突从垂直的位置上抬到水平后,两侧腭突继续生长并在口腔中线处相接,两侧腭突相互接触的部位是 MEE,相接后形成 MES。MEE 由两层细胞组成:表面的一层扁平的上皮细胞和基底面的一层柱状细胞。MES 是一个一过性的结构,开始是个多层细胞的上皮结构后来变为单层的上皮结构,显然表层上皮细胞的移除对 MES 的形成是必要的。在这个过程中,表皮细胞迁移至 MEE 在口腔和鼻腔侧末端,在那里形成三角区域,然后集中在此区域凋亡(Carette & Ferguson,1992; Cuervo & Covarrubias,2004)。Cytochalasin D 是一种肌动蛋白聚合的抑制剂,用它来阻碍腭突表皮细胞的迁移,表皮三角就不会形成,进而影响腭突附着(Cuervo & Covarrubias,2004)。因此,表皮细胞的迁移对腭突的融合是必要的。

上皮间充质转变(EMT)由 Fitchett 和 Hay 在 1989 年首次提出,他们通过扫描电镜分析和免疫组化结果得出 EMT 是 MES 退化的一种路径(Fitchett & Hay,1989)。后来有学者用一种亲脂的羧基荧光素标记并追踪上皮细胞,结果也证实了 EMT 的存在(Griffith & Hay,1992)。基于这些实验结果,作者提出 MES 细胞其实没有死亡而是转化为了间充质的成纤维细胞,然而不管是用同样的方法或改进的方法标记腭突中线细胞,都发现有一部分细胞没有观察到同样的 EMT 结果(Carette & Ferguson,1992; Cuervo & Covarrubias,2004)。但是这一实验结果近来被否定了,因为有实验发现,健康的上皮细胞用悬液体外器官培养不能被 DiI 或是羧基荧光素标记(Takigawa & Shiota,2004)。值得注意的是,所有这些结果都是由体外实验得出的,基因工程和 DNA 重组技术使得在体内标记并追踪 MES 细胞成为可能。将 *R26R* 小鼠与上皮特异的 *K14-Cre* 转基因小鼠交配,上皮细胞将表达 *LacZ* 基因,此基因编码 β 半乳糖苷酶,它的活性很容易特异性地用 X-gal 染色检测到(Soriano, 1999)。Vaziri Sani 及其同事率先用这种方法研究 EMT,他们的研究结果显示,在 MES 退化的的过程中并没有 EMT 的存在(Vaziri Sani et al., 2005)。然而仍然有其他研究小组认为没有检测到 *LacZ* 染色可能是因为染色不足,或 *K14-Cre* 的效率不足,也可能是因为所用的腭突的时期不对。这些学者认为 EMT 一定存在于 MES 的退化过程,因为他们确实在刚刚融合的腭突中检测到了 *LacZ* 阳性的间充质细胞(Jin & Ding, 2006a)。总之,EMT 是否存在于 MES 退化的过程中有待用更有效的方法去证明。

另一种关于 MES 退化的机制是凋亡,有大量的超微结构观察和分子证据支持这一论断(Cuervo & Covarrubias,2004;Cuervo et al., 2002; DeAngelis & Nalbandian, 1968; Glucksmann, 1951; Smiley & Koch, 1975; Taniguchi & Sato, 1995)。毫无疑问,在腭突融合的过程中有密集的细胞凋亡,但是也有学者提出质疑,细胞凋亡对于腭突融合是否必需呢?有研究发现,增加蛋白酶抑制剂 z-VAD 可以抑制中缝和其基底膜的退化,从而会导致 MES 的存在(Cuervo & Covarrubias, 2004)。另外有些学者则认为程序性细胞死亡对到腭突的融合并非必要，因为用另一些蛋白酶抑制剂 YVAD-CHO 和 DEVD-CHO，腭突融合并不受影响(Takahara et al.,2004)。因为细胞凋亡在体外器官培养时很敏感，所以还需体内实验证明，线虫 C. elegans 的 *CED-4* 编码蛋白因子对半胱天冬的活性非常重要，因此对于凋亡来说是必需的(Green & Reed,1998)。CED-4 在小鼠中的同源基因是 *Apalf1*，失活 *Apalf1* 后，虽然继发腭能融合，但是在融合的继发腭中 MES 可能仍然存在(Cecconi et al.,1998)。腭中缝裂在这个基因的突变型小鼠中也有报道，然而，还有另外一个种系的 *Apalf1* $^{-/-}$，虽然这种突变型小鼠的上皮角较大并且伴有凋亡的减少，但是并没有发现腭突融合或 MES 退化的障碍(Jin & Ding,2006a)。这篇文章的作者还报道了在发育早期的一些表型，E14.5 时，*Apafl* 突变型小鼠仍然有 MES 存在，但此时野生型小鼠的腭部也有 MES(Jin & Ding,2006a)。因此，作者总结由 *Apafl* 调节的 DNA 片段介导的细胞程序性死亡并不是腭突体内融合的关键(Jin & Ding,2006a)，但是作者并没给出证据证明 *Apafl* 突变型小鼠在三角形上皮区以外的 MES 有细胞凋亡。所以，凋亡水平在中缝是正常的，在三角区是降低的，但是仍不能排除凋亡在 MES 退化中有作用。

除了 EMT 和细胞凋亡，细胞迁移也是 MES 细胞退化的另一种机制(Carette & Ferguson,1992)，最初有学者提出 MES 细胞沿中线迁移到口腔或鼻腔侧形成上皮三角区，然后集中凋亡并消失。最近有研究提出这些迁移的细胞可能只是覆盖在基底柱状细胞上面的那层表皮细胞(Cuervo & Covarrubias,2004)。在确定了 MES 细胞向鼻腔方向的迁移外，近来有研究结果表明 MES 还可以沿从前向后的轴向迁移(Jin & Ding, 2006a)。该报告的作者建立了一种新的嵌合式培养方式，将 *R26R* 小鼠一边的腭突与同时期的 C57BL/6 小鼠一边的腭突放在一起培养，培养后的组织用 X-gal 染色发现，与 MES 向鼻腔面的迁移同时发生的还有从前向后的迁移。这个发现也为不对称的腭突融合提供了解释，因为腭突的融合是从前往后发生的，前 1/3 的腭突最先融合，然后像拉链一样向后发生融合而形成一个完整的继发腭板。但是在这个体系里没有发现 MES 细胞向口腔侧的迁移(Jin & Ding,2006a)，有一种可能的原因是：在这个培养体系里口腔面是暴露在空气中,而鼻腔面是附着在滤纸上的。如果将组织在滤纸上反转培养再观察结果应该会很有趣。

最近的一些研究发现:很多基因在调节腭突融合中起作用,这些因子有生长因子和它们的受体、转录因子和细胞外基质分子,包括:*Tgfβ3*、*Foxe1*、*Egfr*、*Pdgfc* 等(De Felice et al.,1998; Ding et al., 2004; Kaartinen et al.,1995; Miettinen et al.,1999; Proetzel et al.,1995)。敲出这些基因会导致 MES 退化障碍而引起腭裂,在这些基因中,*Tgfβ3* 在腭突融合中的作用被研究得最清楚,*Tgfβ3* 至少从三个方面调节着腭突的融合,首先,*Tgfβ3* 可以调节 MEE 细胞顶面丝状伪足和硫酸软骨素蛋白多糖,这种作用对于 MEE 的黏附是必需的(Gato et al.,2002; Martinez-Alvarez et al.,2000;Taya et al.,1999)。异常的 MEE 附着在 *Tgfβ3* 突变型小鼠的腭突中被观察到,这主要与细胞外基质的分布改变有关,这些细胞外基质成分和细胞骨架分子包括 *E-cadherin*、α 和 *β-catenin*,已被证明与 MEE 细胞附着有关(Tudela et al.,2002)。其次,*Tgfβ3* 可以调节 *Mmp13*、*Mmp2* 和 *Tim2* 的表达(Blavier et al.,2001)。这些基因可以重塑细胞外基质,还可以调节上皮-间充质相互作用,在 *Tgfβ3* 突变小鼠中,这些基因的表达下调,*Tgfβ3* 在腭突融合中的作用可能受这些基因的调节。程序性细胞凋亡是 *Tgfβ3* 调控腭突融合的另一个重要途径,这个途径是由 *Tgfβ type II receptor* (*Tgfbr2*) 和 *Tgfβ type I receptor* (*Alk5*)/*Smad* 调节的(Cui et al.,2005; Dudas et al.,2006; Dudas et al.,2004; Xu et al., 2006)。在上皮中特异性地敲除 *Tgfbr2* 或 *Alk5* 会导致 MES 不能退化,这和在 *Tgfβ3* 突变型小鼠中观察到的表型一致(Dudas et al., 2006; Xu et al., 2006)。*Fgf10* 突变型小鼠的腭突会和下颌发生异常的融合,在融合的部位可观察到增高的细胞凋亡并伴有 *Tgfβ3* 的异位表达,这说明 *Tgfβ3* 在腭突发育过程中有着普遍的调节上皮细胞凋亡的作用(Alappat et al.,2005)。另外,*Tgfβ3* 突变型小鼠 MEE 凋亡的下调可以被在上皮过表达的 *Smad2* 挽救,这也从侧面说了 *Alk5*/*Smad2* 信号路径可以调节 *Tgfβ3* 在腭突上皮细胞凋亡中的作用(Cuiet al.,2005)。部分的挽救主要是由于腭突间充质中 *Tgfβ3* 的旁分泌路径的缺陷,因为有证据显示在间充质中特异性地敲除了

Tgfrb2 会导致腭突间充质细胞异常增殖和凋亡(Ito et al.,2003)。最近有研究证明,上皮中的 *Wnt/β-catenin* 信号通路通过调控 *Tgfβ3* 在 MEE 处的表达而影响腭突的融合(He et al., 2011)。*Interferon-γ* 可抑制 *Tgfβ/Smad* 信号路径,在 *Tgfβ3* 和 *K14-Cre/Tgfbr2*$^{F/F}$转基因小鼠中,*Irf6* 在腭突上皮的表达下调,由此推论这两条信号路径在胚胎发育过程中有相互作用(Ulloa et al., 1999; Xu et al.,2006)。由以上结果可以得出,*Tgfβ3* 在腭突融合的各个方面都有着不可替代的作用。

在人和小鼠的腭突融合过程中,有些基因表现出功能上的保守性。例如,FOXE1 和 TGFB3 突变都会导致非综合征性的腭裂(Clifton-Bligh et al.,1998; Lidral et al., 1998)。当然也有例外,人类因 E-cadherin 细胞外区域缺失,或者 poliovirus receptor related-1 (PVRL1)突变而引起的综合征伴有唇/腭裂的表型,但是在小鼠中相对应的基因的突变不会引起腭裂(Frebourg et al.,2006; Suzuki et al., 2000)。人类的 E-钙黏蛋白和黏连蛋白都是由 PVRL1 编码的,它们在构成细胞连接复合体和组织粘附中有重要作用(Tachibana et al.,2000),这两个基因都在 MEE 和 MES 中表达(Ding et al., 2004; Suzuki et al., 2000)。E-cadherin 突变会导致胚胎在桑葚期死亡,因此不能进一步研究该基因在腭突融合中的作用(Riethmacher et al., 1995)。但是 *nectin1* 的突变不会影响正常的腭突发育,因为黏附蛋白家族成员众多,可能是其他基因在腭突发育过程中与 *nectin1* 有功能上的互补,如 *nectin2* 和 *nectin3*(Irie et al., 2004)。

总之,继发腭板的发育是个复杂的过程,受到精细的分子网络的调控,这些基因相互协调共同作用,通过上皮间充质间相互作用严格地调节着腭部发育的各个步骤。随着对单个基因及信号路径的深入了解,腭突发育的分子网络机制研究将更加快速地发展。

1.4.3　哺乳动物腭突发育的区域化

作为一个三维立体的结构,哺乳动物发育中的腭突表现出前-后轴,中间-侧边及背面-腹面的不对称性(图 1-4)。在早期研究腭突发育时就发现腭突上皮在背侧(鼻侧)和腹侧(口腔侧)表现出区域特异性,背侧的腭突上皮分化为有纤毛的假复层柱状上皮,而腹侧上皮分化为角质化的复层鳞状上皮，MEE 在腭突融合时形成单层细胞结构的 MES。根据以前的实验结果我们推断，间充质在腭突不同区域上皮向不同的方向分化过程中起了主要作用(Ferguson, 1988)。学者们还发现在腭突上抬和融合过程还表现出沿前－后轴向的不一致，在腭突上抬过程中，总是腭突前部先抬，然后是后部上抬。融合总是先在第二腭皱的水平发生，然后向前和向后像拉链一样融合(Ferguson,1988)。随后的研究发现，透明质酸沿腭突的前－后轴及中间－两侧轴是有浓度梯度的，说明黏多糖在确定腭突极性方面发挥作用(Brinkley & Morris-Wiman, 1987; Ferguson, 1988; Knudsen et al., 1985)。

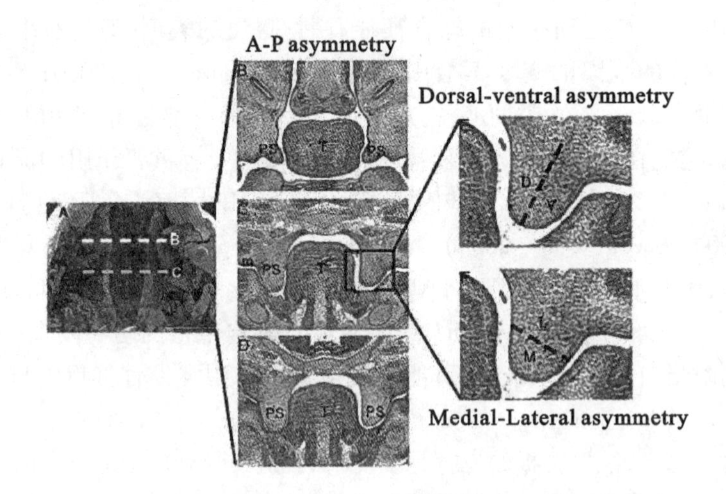

图 1-4　继发腭背－腹侧及中间－侧面轴向示意图

随着生物学研究的不断深入，继发腭发育的极性在基因及分子水平的研究有了很大进展(Hilliard et al.,2005; Okano et al., 2006)。这些基因的表达模式及功能对保持腭突的极性很重要，从而保证了继发腭的正常发育。

腭突中间-侧面的极性的标记是细胞增殖率，小鼠腭突接近口腔中线部位的间充质细胞增殖率要高于侧面(Ferguson,1988; Lan et al.,2004)。以前的实验结果显示:*Osr1* 和 *Osr2* 与这种中间-侧面细胞增殖的极性相关,E13.5 时,*Osr1* 在整个腭突间充质表达而 *Osr2* 只在侧面的间充质中表达,*Osr2* 突变型小鼠的腭突靠中线处间充质细胞增殖被下调,说明 *Osr2* 对中线 - 侧面极性的决定起重要作用,进一步研究发现,*Osr2* 突变型小鼠腭突中 *Pax9*、*Osr1* 和 *Tgfβ3* 表达都有改变(Lan et al.,2004)。因为 *Pax9* 和 *Tgfβ3* 对正常用的腭突发育都是必要的,所以这些基因表达的改变可能参与了细胞增殖及模式的变化(Lan et al.,2004; Matrinez-Alvarez et al., 2000; Peters et al., 1998)。

腭突前 - 后轴向的极性不但需要不同的基因表达,还需要细胞及分子对生长因子的反应。在正常的腭突发育过程中,很多基因都表现出沿前 - 后轴向不同的表达模式,*Bmp4*、*Msx1*、*Fgf10* 和 *Shox2* 都只在腭突前部表达(Hilliard et al.,2005; Okano et al., 2006)。失活 *Msx1* 和 *Shox2* 会导致腭突前部的细胞增殖的降低(Yu et al.,2005; Zhang et al., 2002),并且在 *Shox2* 突变和 *Fgf10* 缺陷的小鼠模型中,腭突前部有异常增高的细胞凋亡(Alappat et al., 2005; Yu et al., 2005),这种区域性的细胞缺陷表明这些基因在确定前 - 后轴极性方面有作用。普遍的观点认为,腭突前部的融合对其后部的融合是必要的,但是 *Shox2* 突变小鼠则表现出一种特别的只在腭突前部腭裂的表型,由此说明腭突前部首先融合对其后部的融合并不是必要的,尽管在正常发育过程中前部的融合发生要早于后部。有趣的是,在 *Shox2* 突变小鼠腭突中,*Pax9* 和 *Msx1* 的表达并没有改变,而 *Fgfr2* 和 *Fgf10* 在腭突前部被异位激活并表达(Yu et al.,2005)。有学者的研究发现,*Fgf10/Fgfr2b* 信号路径对保持腭突的细胞增殖水平是必要的(Rice et al., 2004)。野生型小鼠 E11.5 ~ E12.5 期间,*Fgf10* 只在靠近 MEE 的腭突间充质表达,到 E13.5 时,*Fgf10* 的表达会比较靠侧面(Alappat et al.,2005; Rice et al., 2004; Yu et al., 2005)。Yu 及她的同事将浸有 FGF10 蛋白的小珠加到发育中的腭突上进行体外培养,结果发现,外源性 FGF10 蛋白可以抑制腭突前部间充质细胞的增殖,但是并不会影响腭突后部间充质细胞的有丝分裂(Yu et al.,

2005)。结果表明,这些基因的表达模式和水平对于维持正常的细胞增殖是必不可少的,而正常的细胞增殖对腭突发育非常重要。更为重要的是,腭突前部和后部在细胞水平上对相同基因的反应是不同的;在基因水平上,继发腭突也对生长因子表现出不同的反应。在体外培养的野生型小鼠的腭突中植入 BMP4 蛋白珠子,外源性的 BMP4 蛋白只能诱导腭突前部表达 *Msx1* 和 *Bmp4*,并不能诱导后部的腭突表达相同的基因,同样,外源的 SHH 蛋白也只能诱导前部腭突表达 *Bmp2*(Zhang et al., 2002)。大量数据表明,在细胞及分子水平腭突都表现出沿前 - 后轴的区域性,并且前部腭突有许多标志性的基因。

在腭突后部,很多基因的表达模式表现出局限性。*Tbx22* 和 *Meox2* 只在未来软腭部位和硬腭的最后部表达(Braybrook et al., 2001; Herr et al., 2003; Hilliard et al.,2005; Jin & Ding,2006b)。人类相对应 *Tbx22* 基因的突变会引起 X 染色体相关的腭裂,表明该基因在不同的种系都有调节继发腭发育的作用,现在 *Tbx22* 已被认为是标记后部腭板的标记基因(Liu et al.,2008)。然而,*Tbx22* 在细胞水平的功能直到最近才被发现,*Mn1* 作用于 *Tbx22* 基因的上游,*Mn1* 突变型小鼠有完全性腭裂的表型(Meester-Smoor et al.,2005)。进一步细胞水平的分析表现,*Mn1*$^{-/-}$ 小鼠腭板后部中间的部位有细胞增殖的减少,而相应区域 *Tbx22* 的表达也被下调(Liu et al.,2008)。转录活性实验发现,外源性的 *Mn1* 蛋白可以提高 *Tbx22* 启动子的活性,这进一步说明了在腭突发育时 *Mn1* 可以调节 *Tbx22* 的功能(Liu et al.,2008)。另一方面,*Mn1* 突变型小鼠中 *Tbx22* 并不是完全的不表达,说明 *Tbx22* 在调节腭突后部发育时除了 *Mn1* 还受别的信号的调节(Liu et al.,2008)。

腭突发育时沿不同轴向的区域化是根据不同基因的表达模式划分的,但是,值得注意的是,继发腭是在不断向前发育的,所以基因表达模式在不同时期有所不同,呈现出一种动态的变化,在不同时期相同基因的表达模式可以作为划分区域的标志。如 *Sox9* 的 mRNA 在腭突发育过程中就呈现动态的变化,*Sox9* 在腭突背侧呈剂量敏感性(Bi et al., 2001)。在 E12.5 时,*Sox9* 表达于腭突后部背侧的间充质；在 E13.5 时，在腭突前部 *Sox9* 表达在中间部位，在腭突中后部，*Sox9* 则表达于背部靠侧边的位置。

1.4.4　继发腭的进化

在哺乳动物胚胎发育过程中，不管是基因还是环境的影响干扰了腭突发育都会导致腭裂的发生，腭裂也是人类出生时最常见的畸形之一(Johnston & Bronsky，1995；Miettinen et al.，1999)。然而从系统发育的观点来看，腭裂是比完整继发腭更为"普通"和原始的结构(Ferguson，1988)。

在早期的研究中发现，鱼和低等脊椎动物是没有继发腭的，而两栖类和一些爬行类，如某些蛇和乌龟，它们的原发腭可以向后生长而形成口腔顶，但是仍然没有继发腭(Ferguson，1988)。在另外一些爬行类动物，如蜥蜴，继发腭从上颌突长出后，在舌的上方沿水平方向生长。蜥蜴的 MEE 细胞不会融合或消失，而是角质化后形成了一种天然的腭裂。同样的现象也存在于鸟类中(Ferguson & Honig，1984；1985；Ferguson，1984；Koch & Smiley，1981；Shah et al.，1985；1987)。另一种爬行类动物鳄鱼，它们的继发腭的发育表现出哺乳动物的特征，如非洲鳄和短吻鳄，它们的继发腭从上颌突长出后，前 4/5 部分沿水平方向生长，但是后 1/5 先沿垂直方向向下生长，然后再改建到沿水平方向生长，当两侧腭突相接后，一些 MEE 细胞经历黏附、融合、凋亡的过程，另外一部分 MEE 细胞则集中向间充质迁移，从而使整个上腭板在继发腭联合处的间充质相连续(Ferguson，1981；1984；1985)。

通过早期的实验，学者们认为 MEE 细胞分化为角质化细胞是鸟类产生腭裂的原因。所以有学者将鸡胚 MEE 去除而暴露出间充质，相当于用人工造成了细胞凋亡，研究者惊奇地发现，在手术部位的腭突发生了融合，形成了完整的腭板(Ferguson & Honig，1984；1985)。如果将鸡胚腭突上皮与鼠胚腭突间充质重组，鸡胚腭突上皮可发育成具有小鼠上皮特性的结构，由此证明，在腭突发育过程中，上皮的分化是受到间充质控制的。所以研究者提出，鸡胚腭突间充质是其形成腭裂的原因所在。在进化过程中，哺乳动物腭突间充质获得了某些特性,使得它可以引导上皮通过迁移、细胞凋亡或 EMT 而形成完整的腭板。

那么,为什么哺乳动物的腭突一开始是垂直向下生长,而不是像鸟类那样水平生长呢?显然,从一开始就水平生长更容易形成完整的继发腭板。也有学者认为原始的口鼻腔的潜在空间、相对大的舌肌和颊部可能都是哺乳动物腭部先向垂直方生长的原因,但是目前还没有科学的证据证明(Ferguson,1981; Shah,1977)。通过观察发育腭部的连续切片可以发现,发育中的舌和垂直的腭突及口鼻腔的顶部几乎完全接触,所以舌基本上占据了口鼻腔的所有空间。

假设哺乳动物的腭突从一开始就水平生长,那么胚胎头部的尺寸就需要更大才能提供更多的空间,而这种体积的增大需要更多的能量和营养,这与进化规律是相违背的。另外,舌是一个几乎全部由肌肉构成的结构,哺乳动物腭突最初的垂直生长可能有助于舌的形态形成,使舌具有合适的高和宽。

1.4.5 人类腭裂畸形

哺乳动物的腭有分隔口腔和鼻的作用,人类的继发腭板最后会分化为硬腭和软腭,其前部的硬腭是口腔及鼻腔的固有的分隔,为哺育创造了条件,后部的软腭作为一种动态的分隔和活动性的阀门辅助发声和呼吸。人类的腭突发育受阻会导致腭裂的发生,从而影响进食、呼吸、发声,并且会产生其他生理问题。

作为一种最常见的先天畸形,腭裂发生的比例在 1∶700 – 1∶1000(Koillinen et al.,2005)。发生的比例与区域、种族和社会经济情况相关,如高加索人腭裂的发生率是 1∶1000,唇裂发生率是 1∶700(Gorlin et al.,2001)。腭裂可以是综合征性的也可是非综合征性的:它可能与其他部位的缺陷或结构异常相关,也可以是一种单独的表型。综合征性腭裂占腭裂发生总数的 50% ~55%,而非综合征性腭裂的比例是 45% ~ 50%(Jones,1998; Koillinen et al.,2005)。在人类历史上,关于人类试图修复腭裂的文字记载可以追溯到 1300 年前,当时希腊演说家 Demosthenes(384 ~ 323B. C.)用小卵石修复自己的唇/腭裂以提高自己的演讲水平。近几十年来,腭裂的修复有了长足的进步，但是术后的语言能力恢复还有待提高。为了在腭裂的预防和治疗方面取得更大进步，对继发腭裂形成的病因学及腭突发育的分子学的研究变得更为重要。

在临床研究中，腭裂通常与唇裂一起研究。非综合征性的唇/腭裂（NSCLP）是一种常见的新生儿缺陷，发生率大概是 1/700（Gorlin et al., 2001; Hashmi et al., 2005）。随着 DNA 测序技术的发展，已发现有很多基因突变会造成人类 NSCLP 的发生。这些基因包括：MSX1、FOXE1、GLI2、MSX2、SKI、SPRY2 和 IRF6（Jezewski et al., 2003; Suzuki et al., 2004; Vieira et al., 2005; Zucchero et al., 2004）。近来又有研究发现，FGF 信号路径和 WNT 信号路径与人类 NSCLP 的发生也相关。因为小鼠的继发腭发育与人类极为相似，所以突变型小鼠和转基因小鼠成为研究 NSCLP 的病因学的极佳模型。事实上，失活 *Msx1*、*Foxe1* 和 *Irf6* 都会使小鼠产生腭裂（Dathan et al., 2002; Richardsoon et al., 2006; Satokata & Maas, 1994; Zhang et al., 2002）。小鼠胚胎的易操作性，使在细胞和分子水平上对腭裂的研究成为可能，并为腭裂预防和治疗提供了研究模型。

2 实验研究

2.1 实验一 外源性 FGF8 蛋白可以在体外挽救无牙区牙胚发育

牙胚的退化在小鼠的牙列中形成了一个不长牙的无牙区,这是小鼠牙列的一个特征。无牙区牙胚的再生,为研究牙的再生和替换提供了一个极佳的模型,以前有研究发现,无牙区 FGF 信号被抑制是无牙区牙胚退化的一个原因。在本研究中, 笔者在小鼠胚胎无牙区加入外源性 FGF8 蛋白可以挽救无牙区牙胚的发育。然而,只有在分离无牙区的情况下 FGF8 才能挽救牙的发育,但是在含有切牙牙胚和磨牙牙胚的下颌中无牙区牙胚发育不能被挽救。FGF8 可以促进无牙区细胞增殖并且抑制无牙区牙胚上皮细胞凋亡,FGF8 还可以诱导许多对牙发育非常关键的基因在无牙区牙胚表达,由此重新启动无牙区牙胚的发育程序。我们的结果还证明了无牙区周围的牙胚通过多种信号途径抑制了无牙区牙胚的发育。

2.1.1 材料与方法

2.1.1.1 小珠植入和小鼠肾囊膜下培养

将 CD-1 小鼠交配后,查到母鼠孕栓当天中午记为 E0.5,E13.5 时收集胚胎,在冰 PBS 中将胚胎下颌分离出来 ,再在显微镜下将下颌的两个象限小心分开,每个象限中有一个切牙胚、无牙区和磨牙胚。单个下颌象限可作为一个移植块,也可以进一步将一个象限分离为无牙区、切牙胚和磨牙胚(Yuan et al., 2008)。用 PBS 冲洗 Affi-gel 蓝色琼脂小珠(直径 100 ~ 200μm)并晾干,然后用生长因子液体浸泡备用(Zhang et al., 2000),1mg/ml 的 BSA 作为生长因子载体,用作对照。生长因子(B & D Co.)浓度分别为:BMP4(100 ng/μl), FGF2(250 ng/μl), FGF3(250 ng/μl), FGF8 (250 ng/μl)。当移植半个下颌时,在每个下颌的无牙区由背面塞到间充质 3 ~ 4 个蛋白小珠,然后在半固体培养基上培养(Hu et al., 2006)。而在分离的无牙区移植块中,每个移植块的间充质上加入 2 ~ 3 个蛋白小珠,在分离无牙区时在同一个下颌象限里将切牙和磨牙牙胚也分离出来,然后都置于半固体培养基上培养。移植块在半固体培养基上培养24 小时后,再将移植块植入 CD-1 雄鼠的肾囊膜下培养(Zhang et al., 2003)。移植块在肾囊膜下培养 2 周或 4 周后,将其分离后做进一步分析。为了避免因为切牙或磨牙胚污染而使无牙区移植块长牙,我们在计数时,只计同时有磨牙、切牙和无牙区牙长出的组。为了检测 FGF8 诱导作用下,无牙区早期的形态变化,细胞增殖和细胞凋亡,我们将带有 BSA 或 FGF8 小珠的无牙区组织块,在半固体培养基上分别培养 12,24,48 小时后收集再做进一步分析。

2.1.1.2 组织学,原位杂交,BrdU 标记和 TUNEL 分析

组织块收集后放在 4% 多聚甲醛中,4℃ 固定过夜,然后脱水用石蜡包埋,然后以 10μm 切片。切片用标准的 HE 染色法进行组织学分析,原位杂交技术检测基因表达(St. Amand et al., 2000)。在做原位杂交分析时,每个探针至少用三个组织块检测其表达。细胞增殖检测按照 BrdU labeling & Detection Kit (Roche Diagnostics Corporation, Indianapolis)。BrdU 标记时,将 70μl 含有 0. 15% 的 BrdU 标记液的培养液加到放有组织块的半固体培养基上,再培养 1 小时后,用 Carnoy 固定液固定,然后脱水,浸蜡后用石蜡包埋,以 5μm 厚度切片后按照产品说明书进行免疫染色。为了检测细胞凋亡,用厚度为 5μm 的切片按照以前的方法进行处理(Alappat et al., 2005)。

2.1.2 结果和讨论

2.1.2.1 FGF8 诱导下颌无牙区成牙

在我们以前的研究中,用组织重组的方法证明了小鼠下颌无牙区牙胚退化主要是因为其牙胚间充质的缺陷(Yuan et al.,2008)。以前有学者报道过在无牙区间充质有 *Spry2* 和 *Spry4* 表达,并且 *Spry2* 和 *Spry4* 的突变小鼠在无牙区有额外牙形成(Klein et al.,2006),那么我们想通过在无牙区用外源性的 FGF 蛋白来验证这种外源性的 FGF 是否可以对抗 Spry 蛋白的作用,从而使无牙区的牙胚避免退化的命运而发育成牙。基于 FGF8 在牙发育中的重要作用,我们首先考虑检测外源性的 FGF8 蛋白是否可以挽救无牙区牙胚的发育,使之超越蕾状期继续发育。首先将 E13.5 野生型小鼠胚胎下颌分离,然后在同一象限里将切牙牙胚,无牙区和磨牙牙胚分离出来,从同一下颌象限分离出的切牙胚,无牙区和磨牙为一组,并进行同步处理。每个无牙区组织中加 2 ~3 个浸泡了蛋白液的琼脂小珠并置于体外培养,同一象限中分离出来的切牙牙胚和磨牙牙胚也在体外培养,24 小时后,将这些体外培养的组织移植到成年 CD-1 公鼠的肾囊膜下,4 周后将组织从肾囊膜中取出。在计数无牙区成牙时,只有当同一组中切牙和磨牙也同时形成时,才计为无牙区形成牙,这样就排除了无牙区可能被磨牙或切牙牙胚污染的可能。我们的结果表明,28 例植入 BSA 琼脂小珠的无牙区组织没有一例成牙(0/28)。另一方面,在 51 例植入了 FGF8 琼脂小珠的实验组无牙区组织中有 33 例成牙(33/51),但是只有 20 组中有一个切牙,一个无牙区牙和一个或两个磨牙同时形成,这意味着无牙区成牙有 40% 的成功率(20/51)。与 FGF8 相比,在植有 FGF2(0/15)和 BMP4(0/23)珠子的无牙区组织中,并没有牙形成。此外,我们检测到 FGF3 也能诱导无牙区组织体外成牙,但是成功率非常低(10%),这些结果说明 FGF8 具有特殊功能。外源蛋白诱导无牙区成牙的数据在表 2-1 中进行了总结。

我们以牙冠最宽处的直径测量了形成牙的大小,由 FGF8 诱导而成的无牙区牙比移植形成的第一磨牙略小,但是比第二磨牙大(图2-1A～D';表2-2)。无牙区牙的牙尖稍钝,牙尖数目0～3(图2-1A),形态上讲比较像其他哺乳动物的前磨牙。组织学分析发现FGF8诱导的无牙区牙有发育完善的牙本质和釉质(图2-1A'),我们进一步用原位杂交方法检测了肾囊膜培养2周后的FGF8诱导而成的无牙区牙中*Dspp*和*Amelogenin*的表达,结果发现成牙本质细胞和成釉细胞中分别有*Dspp*和*Amelogenin*表达(图2-2A,B)。

表2-1 **无牙区成牙比例**

Growth factor	Diastema tooth formation
FGF8	40% (20/51)
FGF2	0% (0/15)
FGF3	10% (1/10)
BMP4	0% (0/23)
BSA	0% (0/38)

* Diastemal tooth formation was counted only when incisor, molar, and diastema teeth were formed in grafts from the same quadrant.

表2-2 **移植牙牙尖数及牙大小**

	Diastema Teeth	First Molar	Second Molar
Cusp Number	0～3	5～7	2～3
Tooth Size(um)	710.9	848.75	640.01

我们进一步检测了FGF8蛋白小珠,是否可以在一个下颌象限中挽救无牙区牙胚的发育。在一个有无牙区、切牙和磨牙牙胚完整下颌象限中,我们将浸过FGF8蛋白的琼脂小珠从背面植入无牙区间充质中。在肾囊膜下培养4周后,在移植组织块中有切牙和磨牙形成,但是在14例下颌移植物中都没有无牙区牙形成。这些结果说明,当有切牙和磨牙牙胚存在时,只有FGF8是不足以挽救

无牙区牙胚继续发育的,由此推论与无牙区临近的牙胚有抑制因子阻碍了无牙区成牙。Wise (*Ectodin*)作为一种分泌蛋白可以调控 Wnt 信号经典路径,已有研究证明来自发育牙胚的 Wise 可以抑制无牙区牙胚的发育(Ahn et al., 2010)。而分离的无牙区牙胚似乎可以逃脱这种来自临近牙胚的抑制作用,而且在 FGF8 的作用下,得以生存并继续发育。为了检测这些抑制信号是否来源于无牙区周边的磨牙或切牙牙胚,我们将带有磨牙牙胚或带有切牙牙胚的无牙区组织进行肾囊膜移植(每组 6 例),在所有的移植块中都没有无牙区牙形成。因此,发育着的磨牙牙胚和切牙牙胚都抑制了无牙区牙胚的发育。

2.1.2.2 FGF8 通过促进细胞增殖和抑制细胞凋亡而阻止了无牙区牙胚的退化

为了检测 FGF8 诱导无牙区成牙时早期的形态变化,我们比较了带有 FGF8 小珠的无牙区组织和用了 BSA 珠子的对照组在体外器官分别培养 12 小时,24 小时,48 小时后的形态。分离的磨牙牙胚也在体外培养作为平行对照。如图所示(图 2-3),E13.5 时带有 BSA 的无牙区组织在培养 12 小时后,牙胚开始退化;而此时植入了 FGF8 小珠的无牙区组织中,牙胚仍然存在,并维持在蕾状期(图 2-3A,B)。在培养了 24 小时后,对照组中的牙胚完全消失,而在植有 FGF8 小珠的实验组中,牙胚仍继续生长,并在形态上达到了蕾状晚期(图 2-3D,E)。体外培养 48 小时后,带有 FGF8 小珠的无牙区组织块中的牙胚发育达到了帽状期(图 2-3G)。与体外培养的磨牙胚进行比较发现,植有 FGF8 小珠的无牙区组织的发育要略迟于磨牙胚的发育。磨牙胚体外培养 12 小时后便到了蕾状晚期(图 2-3C),培养 24 小时后磨牙牙胚就到了帽状期(图 2-3F),48 小时后达到帽状晚期(图 2-3I)。这些体外实验结果说明,通过外源 FGF8 蛋白可以阻止无牙区牙胚的退化,并且使其继续发育。

我们进一步用 BrdU 标记和 TUNEL 分析检测了对照组和实验组的细胞增殖和细胞凋亡。器官培养 12 小时后,只有 BSA 小珠的对照组无牙区组织的牙蕾上皮有 BrdU 阳性细胞被检测到;而在植入了FGF8小珠的无牙区组织中，检测到了大量的BrdU阳性细胞，在牙上皮上尤其显著（图2-4A，B）。体外培养24小时后，在植有FGF8无牙区组织的牙胚上皮和周围间充质中也观察到了细胞增殖水平的升高（图2-4C）。这些结果说明，FGF8刺激了无牙区牙胚细胞增殖。

以前的研究说明：无牙区牙胚是通过细胞凋亡而退化的（Virtiot et al., 2000; Peterkova et al., 2003, 2006; Yamamoto et al., 2005）。体外培养24小时后，我们用TUNEL分析在对照组正在退化的牙上皮中检测到了细胞凋亡的存在（图2-4F）。但是，我们在植有FGF8小珠的实验组无牙区组织中也检测到了细胞凋亡，凋亡细胞主要集中在星网状层而非釉上皮（图2-4E）。而在培养24小时后，在实验组织中几乎检测不到细胞凋亡（图2-4G）。以上结果说明，FGF8阻止无牙区牙胚退化主要是通过刺激细胞增殖从而使细胞避免凋亡。

2.1.2.3 FGF8启动了无牙区牙的发育程序

为了研究FGF8是否通过激活了牙发育程序而使无牙区牙获得了新生，我们检测了一些对正常牙发育非常重要的基因的表达。在这些基因中，*Pax9*是由上皮中表达的*Fgf8*诱导而在间充质中表达的，并且对于牙胚发育通过蕾状期很重要（Neubuser et al., 1997; Peter et al., 1998）。与之相似，*Msx1*也在牙间充质中表达，而*Msx1*突变型小鼠的牙发育也停滞在蕾状期（Satokata & Maas, 1994; Chen et al., 1996）。*Msx1*和*Pax9*协同激活*Bmp4*在牙间充质中表达，间充质中的*Bmp4*再作用到牙上皮从而促使牙胚从蕾状期发育到帽状期并且诱导釉结的形成（Chen et al., 1996; Jernvall et al., 1998; Peters et al., 1998; Zhang et al., 2000; Ogawa et al., 2006; Makatomi et al., 2010）。*Pitx2*也是经由*Fgf8*诱导而最早表达于牙上皮的标志性基因，*Pitx2*失活也会引起牙胚发育停滞在蕾状。当我们在E13.5时的无牙区中加入了外源性的FGF8体外培养24小时后，在无牙区牙胚间充质中检测到了*Pax9*和*Msx1*的表达（图2-5A，D），但是其表达水平较低，在植入了BSA小珠的对照组中没有检测到这个基因（图2-5C，F）。在体外培养48小时后，无牙区牙胚间充质中检测到了强的 *Pax9* 和 *Msx1* 表达(图 2-5B, E)。与 *Pax9* 和 *Msx1* 相同,*Bmp4* 也在 *FGF8* 诱导的无牙区牙胚中间充质中激活(图 2-5G~I)。此外,我们还观察到了同时期无牙区牙胚上皮中有 *Pitx2* 强烈表达(图 2-5J, K),但对照组中并没有 *Pitx2* 表达(图 2-5L)。

在牙发育期间,信号分子 SHH 对于细胞增殖,生存和牙形态发生都有重要作用。在小鼠无牙区牙胚中有微弱的 *Shh* 表达,而在 *Spry2* 或 *Spry4* 突变型小鼠中其表达有显著提高(Klein et al., 2006; Peterkova et al., 2009)。此外,牙胚蕾状期间充质中的 *Fgf3* 也是由 FGF8 诱导表达的,其代表了牙间充质对牙上皮的 FGF 信号反馈(Bei & Mass,1998; Kettunen et al., 2000),在 *Spry4* 突变型小鼠的的无牙区间充质中 *Fgf3* 也被激活(Klein et al., 2006)。与在 *Spry2* 或 *Spry4* 突变型小鼠中的发现相似,在植入 FGF8 蛋白小珠并分别在体外培养 24 或 48 小时后,在无牙区牙胚的釉结中有强的 *Shh* 表达,并且在无牙区牙胚间充质中检测到了 *Fgf3* 表达(图 2-5M,N,P,Q)。这些结果说明,FGF8 在体外可以激活无牙区牙胚的发育程序,从而使其在体外得以继续发育。

以前大量研究证明了 FGF8 对牙发育的重要性,尤其是对于磨牙的发育(Neubuser et al., 1997; Trumpp et al., 1999)。在牙发育起始之前,*Fgf8* 便表达于未来牙上皮的位置,并持续表达直到蕾状期,*Fgf8* 在牙上皮中的表达主要局限在牙胚的远中端(Kettunen & Thesleff et al., 1998; Kettunen et al., 2000; Lin et al., 2007)。根据以往的研究,我们已经知道间充质中 *Pax9* 的表达是由 FGF8 诱导的,而且 FGF8 很有可能诱导 *Fgf3* 在牙间充质中的表达(Neubuser et al., 1997; Kettunen et al., 2000)。在我们的研究中发现,在分离无牙区的情况下,FGF8 可以挽救其牙胚的发育。单独的 FGF8 就可以刺激无牙区牙胚中的细胞增殖并抑制细胞凋亡。同时,FGF8 还激活了无牙区牙胚发育程序,使其继续发育。FGF 信号路径的负调控因子 *Spry2* 和 *Spry4* 在野生型小鼠的无牙区强烈表达而阻止了无牙区牙胚的发育(Klein et al., 2006)。施加外源性的 FGF8 蛋白克服了 *Spry2* 和 *Spry4* 对无牙区牙胚的抑制作用,以前有学者发现这种以琼脂小珠为载体的生长因子,其作用在小珠植入组织中 24 小时后会显著降低(Fallon et al., 1994)。在本实验中,我们发现许多对牙发育重要的基因都在植入携带了 FGF8 蛋白小珠 24 小时后被激活,表达于分离的无牙区组织中。而这种牙胚发育的程序一旦被启动,就能自我维持而且调控以后的发育过程,在体外培养带有 FGF8 蛋白的分离无牙区牙胚 48 小时后,在牙胚间充质中的 *Pax9*, *Msx1* 和 *Fgf3* 的表达都升高也证明了这一点。FGF 信号路径还可以调控牙上皮中 *Shh* 的表达(Tummers & Thesleff, 2009)。因此,在植有 FGF8 蛋白小珠的无牙区组织中表达的 *Shh* 有可能是在这种外源的 FGF8 蛋白作用下升高的。而在无牙区牙胚间充质中表达的 *Fgf3* 随后负责保持 *Shh* 在牙上皮中的表达。此外,牙间充质中 *Bmp4* 可以也加强 *Shh* 的表达(Zhang et al., 2000)。因为 *Shh* 在牙发育过程中可以刺激细胞增殖并维持细胞生存(Cobourne & Sharpe, 2010),所以我们在体外植入带有外源性 FGF8 蛋白的小珠后而引起的细胞增殖升高和细胞凋亡的改变都可能是受到了上皮中 *Shh* 的调控。有趣的是,在本研究中我们发现,在有磨牙牙胚或切牙牙胚存在的情况下,FGF8 都不能挽救无牙区牙胚成牙,这种现象说明周围的磨牙和切牙牙胚向无牙区传递了某些抑制因子。

在再生医学的研究中,能制造出可替换的牙具有极大的挑战性。牙组织工程研究用适当的干细胞发育生成一个具有完善功能牙,将是一个有效的方法;另外一种方法就是在失牙的部位重新激活牙发育程序而长出一个新牙。无牙区牙胚的重新生长为研究牙再生及其潜在的分子机制提供一个极好的模型(D'Souza & Klein, 2007)。在本研究中,我们用一种生长因子在小鼠无牙区激活了无牙区本该退化牙胚的发育程序,这为进一步研究人类缺牙替换和再生提供了实验依据。我们以前的研究发现 FGF8 在人类牙的发育及分化时期都有表达,而且用体外 FGF8 蛋白可以诱导人鼠细胞嵌合培养的人类角质化细胞分化为分泌釉质的成釉细胞并形成人鼠组织嵌合的牙冠(Lin et al., 2007; Wang et al., 2010),我们目前得到的实验的结果证明了 FGF8 在人类和小鼠的牙发育和分化过程中都发挥了重要作用,在未来人类牙再生研究中具有巨大潜能。

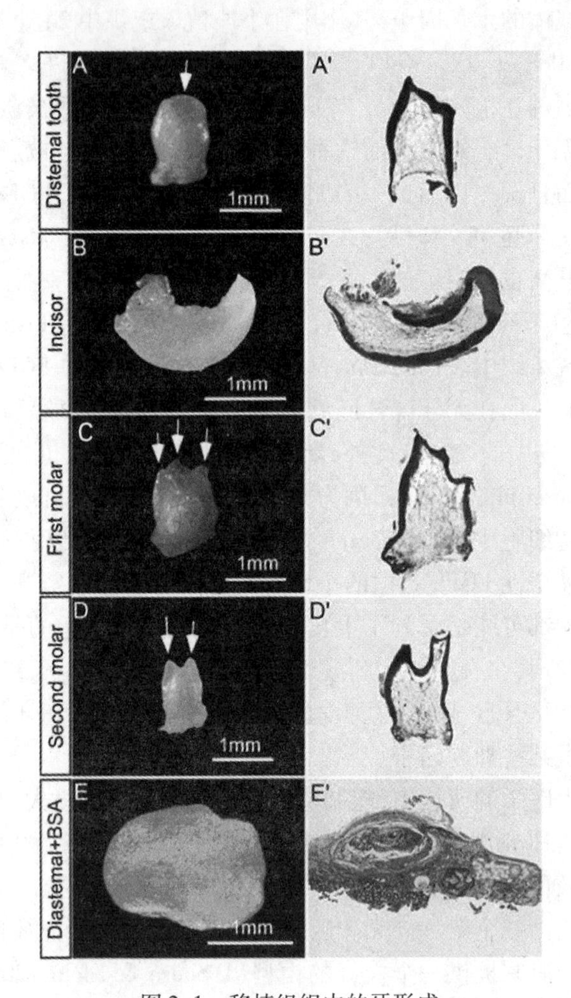

图2-1 移植组织中的牙形成

图A～E分别为移植块中形成的无牙区牙、切牙和磨牙，移植物组织取自E13.5同一下颌象限。图A'～E'为相应的组织切片。A、A'：FGF8诱导形成的无牙区牙，箭头所示为一个圆钝的尖。B、B'：一个切牙。C、C'：来自一下颌象限的移植块中的第一磨牙，具有多个牙尖（箭头）。D、D'：在磨牙移植块中形成的一个具有多个牙尖的第二磨牙。E、E'：对照组无牙区移植块中形成的角质化囊肿和膜化骨。标尺＝1mm

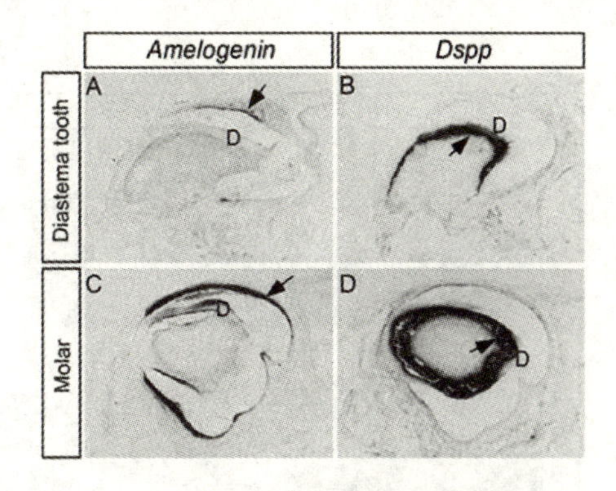

图2-2 牙分化标记基因的表达

A,B:*Amelogenin*（A，箭头）和*Dspp*(B,箭头)在FGF8诱导形成的无牙区牙中的表达。C,D:*Amelogenin*(C)和*Dspp*(D)在移植磨牙组织块中的表达。D，牙本质。

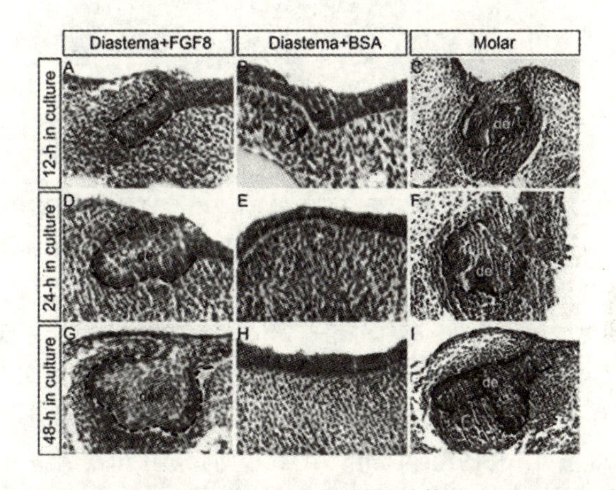

图2-3 FGF8阻止无牙区牙胚原基的凋亡并使得无牙区牙继续发育

A:在无牙区牙胚中加入带有FGF8蛋白的小珠,体外培养12小时后可见一个明显的牙蕾。B:在加了BSA的对照组中,体外培养12小时后,无牙区牙胚原基开始消失。C:E13.5时的磨牙牙胚体外培养12小时后,形态达到了蕾状晚期。D:植入了带有FGF8蛋白小珠的无牙区组织块体外培养24小时后开始发育。E,H:对照组的无牙区组织体外培养24小时和48小时后开始消失。F:体外培养24小时后,磨牙牙胚发育达到了帽状早期。G:植有FGF8蛋白小珠的无牙区组织块体外培养48小时后达到了帽状期。I:磨牙牙胚达到了帽状晚期。de，牙上皮。

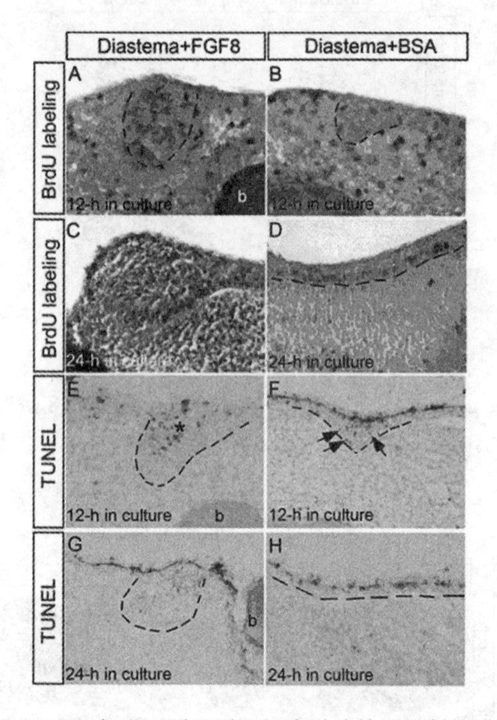

图 2-4　FGF8 促进无牙区牙胚细胞增殖并且抑制细胞凋亡

A,B:Bromodeoxyuridine (BrdU) 标记显示,植入了带有 FGF8 蛋白小珠的无牙区组织块体外培养 12 小时后,与加入了 BSA 的对照组相比(B),上皮中的细胞增殖明显增加(A)。C,D:体外培养 24 小时后,在植入了带有 FGF8 蛋白小珠的无牙区组织块中,大量 BrdU 阳性细胞出现在牙上皮和牙间充质中(C),而在对照组中,无牙区牙胚原基消失(D)。E:体外培养 12 小时后,TUNEL 检测到在植有 FGF8 蛋白小珠的无牙区组织中,在星网状层中出现细胞凋亡(*),但是在釉上皮中没有细胞凋亡。F:体外培养 12 小时后,在对照组的无牙区牙胚上皮中检测到了细胞凋亡。G:在体外培养 24 小时后,在植有 FGF8 蛋白小珠的无牙区组织中没有检测到细胞凋亡。H:在体外培养 24 小时后,对照组中无牙区牙胚完全消失,上皮中检测到凋亡细胞。

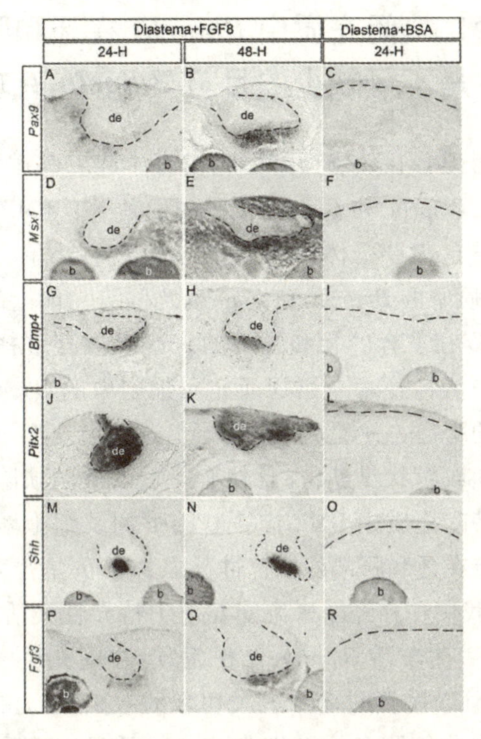

图 2-5 FGF8 诱导基因在无牙区牙胚中表达

A,B:体外培养 24 小时后,FGF8 诱导 *Pax9* 表达于无牙区组织的间充质中,但是其表达水平较低(A)。48 小时后,其表达增强并局限在牙乳头部位(B)。D,E:在体外培养 24 小时后,受到 FGF8 的诱导,*Msx1* 微弱地表达于无牙区组织的间充质中(D),体外培养 48 小时后,*Msx1* 表达增强(E)。G,H:受到 FGF8 的诱导,*Bmp4* 的表达在体外培养 24 小时(G)及 48 小时(H)后都可以被检测到。J,K:体外培养 24 小时(J)及 48 小时(K)后,植有 FGF8 蛋白小珠的无牙区组织中可见到 *Pitx2* 表达于无牙区牙胚的上皮中。M,N:植有 FGF8 蛋白小珠的无牙区组织体外培养 24 小时(M)及 48 小时(N)后,在釉结中可检测到 *Shh* 的表达。P,Q:体外培养 24 小时后,在带有 FGF8 的无牙区组织间充质中有微弱的 *Fgf3* 表达(P),48 小时后,其表达增强(Q)。C,F,I,L,O,R:原位杂交结果显示,在植有 BSA 小珠的无牙区组织中,除了有微弱的 *Pitx2* 表达外(L),没有其他相应的基因表达。b,蛋白小珠;de, 牙上皮。

2.2 实验二 间充质中 *BmprIa* 在牙和腭板的发育中是不可缺少的且与 *BmprIb* 有功能互补

BMP 信号路径在颅颌面部器官发育中起着关键作用,包括牙和腭部发育。*BmprIa* 和 *BmprIb* 编码的两种 I 型 BMP 受体是 BMP 信号路径转导的主要受体,我们的研究发现在小鼠腭部和牙发育过程中,间充质中的 *BmprIa* 和 *BmprIb* 之间有功能上的富余。*BmprIa* 和 *BmprIb* 在发育的牙和腭部的表达区域有重叠但又明显不同。特异性失活神经嵴来源的间充质细胞中的 *BmprIa* 会导致一种并不常见的腭裂——继发腭前部裂。这种突变型小鼠的牙发育停滞在蕾状期或帽状早期,并且伴有严重的下颌缺陷。牙齿及腭部的缺陷与其间充质中 BMP 应答基因下调及细胞增殖的降低相关。为了确定在牙和腭部的发育过程中 *BmprIb* 是否可以代替 *BmprIa* 的作用,我们在神经嵴来源间充质中特异性失活 *BmprIa* 的同时,持续地过表达激活 *BmprIb*,结果发现:在间充质中用 *caBmprIb* 代替 *BmprIa* 可以挽救磨牙及上颌切牙的缺陷,但是,被挽救的牙表现出成牙本质细胞和成釉细胞分化的延迟。相反的,*caBmprIb* 并不能挽救腭裂及下颌缺陷包括下切牙的缺失。结果说明,在牙及腭突发育的过程中,在间充质中表达的 *BmprIa* 有重要作用,并且在间充质中与 *BmprIb* 互补。

2.2.1 材料与方法

2.2.1.1 动物及胚胎收集

本实验用的转基因鼠及基因敲除鼠包括:*Wnt1Cre*, *BmprIa*$^{+/-}$, *BmprIa*$^{F/F}$ 已在以前的研究中报道过(Mishina et al., 1995; Danielian et al., 1998)。*pMes-caBmprIb* 条件性转基因小鼠中包含了一个鸡的 *β-actin* 启动子,在该启动子的后面是一个两端带 *LoxP* 位点的 *STOP* 元件,其后是一个被持续性活化的 BMPR-IB(将谷氨酰胺 203 变为天冬氨酸),最后是 *IRES-Egfp* 序列,用以表达绿色荧光蛋白,被称为 *caBmplb*(He et al., 2010)。将 Wnt1 Cre; *Bmprla*$^{+/-}$小鼠与 *Bmprla*$^{F/F}$小鼠交配就可以得到 *Wnt1 Cre*; *Bmprla*$^{F/-}$,即在神经嵴来源的细胞中特异性的失活 *Bmprla* 的小鼠。我们将 *Wnt1 Cre*; *Bmprla*$^{+/-}$小鼠与 *Bmprla*$^{F/+}$; *pMes-caBmprlb* 小鼠交配即可得到同时含有 *Wnt1 Cre*; *Bmprla*$^{F/-}$和 *pMes-caBmprlb* 两个位点的小鼠,而含有这些复合位点的小鼠的基因型则为 *Wnt1 Cre*; *Bmprla*$^{F/-}$; *calb*。

神经嵴细胞有 *Bmprla* 缺失的小鼠(*WntCre1*; *Bmprla*$^{F/-}$)会在 E12.5 死于去甲肾上腺素消耗过度(Stottmann et al., 2004; Morikawa et al., 2009),β 肾上腺素能受体拮抗剂异丙肾上腺素可以阻止这种死亡的发生,使得 *Wnt1 Cre*; *Bmprla*$^{F/-}$的鼠胚可以存活至出生(Morikawa et al., 2009)。异丙肾上腺素的使用是通过在小鼠饮用水中加入该药物实现的,在该实验中,我们将终浓度为 200μg/ml 的异丙肾上腺素加到 2.5mg/ml 的维生素 C 溶液中,从胚胎 E7.5 开始给孕鼠喂药(Morikawa and Cserjesi, 2008)。为了保证实验的一致性,同时给野生型小鼠, *Wnt1 Cre*; *Bmprla*$^{F/-}$, *Wnt1 Cre*; *Bmprla*$^{F/-}$; *calb* 都使用了异丙肾上腺素。

小鼠胎龄计算时以查到孕栓的当天中午计为胚胎 E0.5,按胎龄获得的胚胎先用冷的 PBS 冲洗数遍,分离小鼠胚胎头部,4% 的多聚甲醛在 4℃过夜固定,经过脱水、透明、石蜡包埋、10 μm 切片,用来进行组织学染色分析和原位杂交实验。另外有一部分标本经过不同的处理后准备用来做冰冻切片进行免疫组化分析。

2.2.1.2 小鼠肾囊膜移植实验

将 *Wnt1 Cre*; *Bmprla*$^{+/-}$小鼠与 *Bmprla*$^{F/F}$; *pMes-caBmprlb* 小鼠交配后,在 E13.5 时将孕鼠处死,将分离出的胚胎放入 PBS 溶液中置于冰上,基因型为 *Wnt1 Cre*; *Bmprla*$^{F/-}$或 *Wnt1 Cre*; *Bmprla*$^{F/-}$; *calb* 的小鼠胚胎因为有明显的颅颌面部的畸形,所以很容易与其他胚胎区分。通过绿色荧光又可以进一步将 *Wnt1 Cre*; *Bmprla*$^{F/-}$; *calb* 与 *Wnt1 Cre*; *Bmprla*$^{F/-}$胚胎区别开来,同时将这些小鼠胚胎的尾部组织取下来,用基因组 DNA 进行 PCR 来鉴定胚胎的基因型。野生型小鼠 E13.5 的胚胎同时取来作为阳性对照。将 E13.5 的 *Wnt1Cre*;*BmprIa*$^{F/-}$;*caIb* 和野生型小鼠胚胎下颌磨牙牙胚分离出来后进行肾囊膜移植。本实验使用成熟的 CD-1 雄鼠作移植鼠进行肾囊膜培养。

麻醉时,根据 CD-1 雄鼠体重按照 0.01 mg/g 的量用异戊巴比妥钠进行腹腔内注射,分层切开背中部皮肤、肌肉,暴露肾脏后,用显微外科镊轻轻挑起肾囊膜,并用钝头玻璃针分离肾囊膜与肾脏;将分离好的磨牙或无牙区组织转移到昆明小鼠肾脏表面,并用钝头玻璃针轻轻将其推入分离的肾囊膜下,分层缝合创口,并做好标记(Zhang et al.,2003)。2 周后,将 CD-1 移植鼠处死,取移植块。

2.2.1.3 组织学,原位杂交,免疫组织化学

用于组织学和原位杂交的切片厚度是 10 μm,HE 染色用于观察结构,非放射性的 rRNA 探针用于原位杂交,按照已有方法进行实验(St. Amand et al., 2000)。冰冻切片的厚度也为 10 μm,按照已有方法进行免疫组织化学的分析(Xiong et al.,2009)。在免疫组化实验中使用抗 p-Smad1/5/8 的多克隆抗体(Cell Signaling,cat.#:9511),使用浓度为 1:200。二抗为绿色荧光共轭聚合物(Invitrogen)。

2.2.1.4 细胞增殖和 TUNEL 检测

用 BrdU 标记来检测细胞增殖,TUNEL 分析用来检测细胞凋亡,具体实验按已有方法进行(Zhang et al., 2002; Alappat et al., 2005)。检测细胞增殖的实验所用试剂盒是 BrdU Labeling & Detection Kit,检测细胞凋亡用的试剂盒为 In Situ Cell Death Detection Kit,这两个试剂盒都购自 Roche Diagnostics Corporation。细胞增殖率的计算是通过分别在腭突和牙胚间充质特定区域计算阳性增殖细胞数量和总细胞数量实现的,得出的最终结果是这些特定区域被标记的细胞在细胞总数所占的百分比。首先从野生型鼠胚和突变型小鼠胚中分别选三个,切后再从每个标本中选三张连续切片,从每个上面选出相同的区域进行计数和分析。对所得结果进行

Student's *t-test* 检验来确定实验组与对照组是否存在显著性差异。为了检测细胞凋亡,从每个基因型中选出四个标本进行 TUNEL 检验。

2.2.2 结 果

2.2.2.1 *Bmprla* 和 *Bmprlb* 在牙胚和腭突中的表达模式

以前的大量研究发现 BMP 信号路径在牙和腭突发育过程起作用,但是有关 *Bmprla* 和 *Bmprlb* 在牙胚和腭突中的表达并没有被报道过。因此,我们首先检查了 *Bmprla* 在牙发育中的几个关键时期的表达,其中包括了蕾状期、帽状期和钟状期;此外还检测了发育中的继发腭中 *Bmprla* 表达;同时,我们还平行地检测了 *Bmprlb* 在相同时期和相同部位的表达模式。E13.5 时,牙胚发育处于蕾状期,此时 *Bmprla* 和 *Bmprlb* 有重叠又有明显的不同(图 2-6A ~ F)。在上颌切牙牙胚中,*Bmprla* 在上皮和间充质都有表达(图 2-6 A),但是在下颌切牙牙胚中,*Bmprla* 的表达仅局限于牙胚上皮(图 2-6 C)。*Bmprlb* 在此时的上下颌切牙牙胚中都只表达于牙上皮中(图 2-6 B,D)。在此时的磨牙牙胚中,*Bmprla* 的表达相对较弱,并且在牙上皮和间充质中都有表达,在间充质中的表达分布较为分散(图 2-6E)。*Bmprlb* 此时也表达于磨牙牙胚的上皮和间充质,但是其在上颌磨牙的表达要强于其在下颌磨牙的表达(图 2-6F)。在 E14.5 帽状期,*Bmprla* 仍维持其在蕾状期的表达分布,表达于上下颌磨牙及上颌切牙的上皮及间充质中,在下切牙中依然只在牙上皮中表达(图 2-6G,H, and 图 2-13)。而此时 *Bmprlb* 表达变得局限,在所有的牙胚中都只表达于牙上皮,而且在磨牙牙胚内釉上皮的表达尤为强烈(图 2-6I, J, and 图 2-13)。在 E16.5 钟状期时,*Bmprla* 表达主要集中在上下颌切牙的牙上皮中,但是在上颌切牙牙乳头中有较高的背景,我们还检测到在磨牙的内釉上皮和成牙本质细胞中都有 *Bmprla* 的表达(图 2-13)。此时,*Bmprlb* 的表达变得微弱并且在切牙和磨牙中的表达都完全局限在上皮中(图 2-13)。

E12.5 ~ E13.5 的腭突中,*BmprIa* 在前部的上皮和间充质中都有表达,在后部与间充质的背景相比,其表达主要局限在上皮(图 2-6K,M, and 图 2-13)。与此同时,*BmprIb* 只在前部的腭突上皮及间充质中表达,而在腭突后部完全不表达(图 2-6L, N, and 图 2-13)。

2.2.2.2 在神经嵴来源的间充质中特异性的敲除 *BmprIa* 会导致一种并不常见的腭裂

为了得到在神经嵴来源的细胞中失活 *BmprIa* 的小鼠胚胎,我们将 *Wnt1Cre*;*BmprIa*$^{+/-}$小鼠与 *BmprIa*$^{F/F}$的小鼠交配。为了得到一定时期的胚胎,在小鼠食用水中加入了维生素 C 和异丙肾上腺素用以阻止胚胎死于妊娠中期(Morikawa & Cserjesi, 2008; Morikawa et al.,2009)。除了 *Wnt1Cre*;*BmprIa*$^{F/-}$胚胎,野生型鼠胚和其他基因型的鼠胚很难区分,但是 *Wnt1Cre*;*BmprIa*$^{F/-}$胚胎因为其较为严重的颅颌面部畸形很容易与其他小鼠区别开来,其畸形包括较短的下颌,发育不全的上颌突和一种并不常见的继发腭前部裂(图 2-7A ~ D)。较短的下颌伴有前端的发育不全使得舌尖暴露,从外部即可观察到舌(图 2-7B)。组织学分析发现,E13.5 的突变型小鼠前部腭突变短并且处于水平位置(图 2-7F),而突变型小鼠后部腭突像野生型小鼠一样,仍保持垂直的生长位置,并且大小形态也和野生型鼠胚类似(图 2-7G, H)。E14.5 时,野生型小鼠的腭突上抬至水平位置,沿着舌的上方水平生长并在中线处与对侧腭突相接。同时,突变型小鼠的腭突也在舌的上方达到了水平位置(图 2-7I ~ L)。此时突变型小鼠的后部腭突和野生型相似与对侧腭突相接,但是腭突前部似乎因为过短而不能与对侧腭突在中线处相接,这种独特的腭裂表型在 *Shox2* 突变型小鼠中也观察到过(Yu et al., 2005; Gu et al., 2008)。此外,突变型小鼠的舌也有缺陷。从实验结果可以看出,在神经嵴来源的腭突间充质中去除 *BmprIa* 会引起前部腭突的生长缺陷,从而导致继发腭前部腭裂的形成,这一点和 *BmprIa* 在前部腭突间充质的表达模式也相互对应。因此,腭突正常发育的过程中不单是上皮需要 *BmprIa*(Andl et al.,2004; Liu et al., 2005),间充质也同样需要 *BmprIa* 的调节。

2.2.2.3 在神经嵴来源的间充质中特异性地敲除 *BmprIa* 会导致牙发育停滞

经组织学检查结果发现，在新生的 *Wnt1Cre*;*BmprIa*$^{F/-}$ 的小鼠中没有明显的牙结构，由此说明，牙的发育在早期就有缺陷。E13.5的突变型小鼠胚胎切片中可以看到，磨牙牙胚此时处于蕾状期(图2-8F)，然而与对照组相比，突变型小鼠的磨牙牙胚发育稍稍晚于野生型鼠，而且在上皮牙蕾周围聚集的间充质细胞也少于对照组。突变型小鼠切牙的表型要显著许多(图2-8A～D)，上颌两个切牙牙胚相连表现为一个单一牙蕾，并且发育停滞在蕾状早期(图2-8B)，而下颌中没有切牙牙胚的形成(图2-8D)，这可能和下颌过短有关(图2-8B)。E16.5时，野生型鼠的牙发育到了钟状期，而此时在突变鼠中没有发现残余的上颌切牙牙胚结构(图2-8H)，但是仍能看到残留的磨牙牙胚(图2-8L)。在我们所收集的8个胚胎中，所有的下颌磨牙发育都停滞在了蕾状期，但是其中有6例，上颌磨牙的发育是停滞在帽状早期(图2-8L)。综合以上观察结果我们可以得出，牙向蕾状期或帽状早期之后发育绝对需要间充质中的 *BmprIa* 表达。

2.2.2.4 *Wnt1Cre*;*BmprIa*$^{F/-}$ 鼠牙胚及腭突间充质的细胞增殖减少

首先，为了确定在神经嵴来源的细胞中敲除 *BmprIa* 阻断了牙和腭突间充质中的BMP信号路径，我们用免疫组化的方法检测了磷酸化的Smad1/5/8(pSmad1/5/8)的表达。E13.5，在野生型对照组，我们在前部腭突间充质中检测到大量的pSmad1/5/8阳性细胞，主要集中在未来的鼻腔侧，同样，在聚集的牙胚间充质细胞和牙蕾上皮中也有大量的pSmad1/5/8阳性细胞(图2-9A，C)。与之相反，在 *Wnt1Cre*;*BmprIa*$^{F/-}$ 突变型小鼠中，腭突及牙胚间充质中pSmad1/5/8阳性细胞数量大大减少，但是其在上皮中没有变化(图2-9B，D)。

为了研究 *Wnt1Cre*;*BmprIa*$^{F/-}$ 小鼠腭裂发生和牙发育停滞的细胞缺陷，我们用BrdU和TUNEL检测了细胞增殖和凋亡。E13.5时，我们发现突变型小鼠前部腭突间充质的细胞增殖与对照组相比明显减少(图2-9E, F, I),而整个腭突上皮及腭突后部间充质的细胞增殖没有变化。相应的,突变型小鼠磨牙牙胚此时也只在间充质发现细胞增殖大幅下降(图2-9G, H, I)。突变型小鼠细胞增殖的下降与pSmad1/5/8表达水平的降低相对应,说明BMP/Smad信号路径对细胞增殖有正向调节作用。另一方面,在牙胚和腭突中TUNEL检验并没有发现细胞凋亡的增加或异位的细胞凋亡。因此,这种间充质细胞增殖降低的细胞机制缺陷与*Wnt1Cre*;*BmpIa*$^{F/-}$突变型小鼠腭裂形成及牙发育停滞相关。

2.2.2.5 *Wnt1Cre*;*BmpIa*$^{F/-}$鼠牙胚及腭突中基因表达的改变

许多在牙胚和腭突间充质中表达的基因突变,包括*Msx1*和*Pax9*,都会引起腭裂和牙发育停滞在蕾状期(Satokata & Maas, 1994; Peters et al.,1998)。*Bmp4*在腭突前部间充质与牙胚间充质中表达,并且与*Msx1*形成了一个正向的调节循环(Chen et al., 1996; Peters et al., 1998; Zhang et al.,2000; Zhang et al.,2002)。因此,我们检查了这几个基因在*Wnt1Cre*;*BmprIa*$^{F/-}$小鼠腭突和牙胚的表达。在野生型小鼠中,*Shox2*在腭突前部的表达区域与*BmprIa*的表达区域相互重叠,并且*Shox2*突变同样会导致继发腭前部腭裂(Yu et al.,2005; Gu eta l., 2008),所以我们也检测了*Shox2*在突变型小鼠中的表达。我们的结果显示,*Bmp4*,*Msx1*和*Pax9*在E13.5的*Wnt1Cre*;*BmprIa*$^{F/-}$腭突间充质中表达有明显的下调(图2-10)。*Shox2*在突变型小鼠中的表达量也有下降(图2-10)。同样,在突变型小鼠的牙胚蕾状期,*Bmp4*,*Msx1*和*Pax9*在其间充质的表达虽然被明显下调(图2-11),但是这些基因仍然能在突变的牙胚间充质中被检测到。有趣的是,*Msx1*在突变型小鼠的上颌磨牙间充质中的表达水平高于下颌磨牙间充质(图2-11B),这个结果可能与*BmprIb*在上颌磨牙间充质中的表达稍强相关(图2-6F),而且,在大多数突变型小鼠中,上颌磨牙的发育都停滞在更晚时期(帽状早期),由这些结果推测*BmprIb*和*BmprIa*在这里有部分的功能互补。我们的结果说明BMPR-IA是BMP调节*Msx1*和*Pax9*表达的主要途径,而且*Bmp4*在腭突和牙胚间充质的正常表达同样需要 BMPR-IA(Chen et al.,1996; Peters et al., 1998; Zhang et al., 2000, 2002)。

2.2.2.6 *CaBMPR-IB* 可以部分挽救 *Wnt1Cre;BmprIa$^{F/-}$* 小鼠牙发育,但是不能挽救腭裂缺陷

为了检测 BMPR-IB 是否可以代替 BMPR-IA 介异的 BMP 信号路径在牙和腭部发育过程中的作用,我们构建了可以条件性持续激活的I型 BMP 受体 IB(*caBmprIb*)的转基因小鼠。当带有这个位点的小鼠与带有 Cre 位点的小鼠交配时,*BmprIb* 就可以被条件性地持续激活,如果用 *K14-Cre* 转基因小鼠在上皮组织中激活 *caBmprIb* 会引起严重的皮肤鳞屑病(Yu et al., 2010),但是用 *Wnt1-Cre* 激活 *caBmprIb* 并不会引起任何可见的表型。*Wnt1Cre*; *caBmprIb* 小鼠可以正常地生存下来,在外形上不能与同一窝的野生型小鼠相区别。原位杂交结果显示,E13.5 时 *BmprIb* 在神经嵴来源的细胞中广泛地表达,包括牙胚和腭突间充质(图 2-14)。我们将 *caBmprIb* 转基因位点组合到 *Wnt1Cre;BmprIa$^{F/-}$* 背景上,这种突变型小鼠在神嵴细胞中将没有 *BmprIa* 但是表达 *caBmprIb*(*Wnt1Cre;BmprIa$^{F/-}$;caIb*)。总体来看 *Wnt1Cre;BmprIa$^{F/-}$;caIb* 小鼠颅颌面部的表型与 *Wnt1Cre;BmprIa$^{F/-}$* 几乎相同,如发育不全的下颌及继发腭前部裂。如果不给孕鼠喂食异丙肾上腺素和维生素 C,大部分基因型为 *Wnt1Cre*; *BmprIa$^{F/-}$*; *caIb* 会在妊娠中期死亡,在我们所收集的标本中,只有 1 例在没有喂药的情况下存活至新生。这说明 *caBmprIb* 并不能代替 *BmprIa* 调控颅颌面部及周围神经系统的发育。

在组织学上,*Wnt1Cre;BmprIa$^{F/-}$;caIb* 确实有继发腭前部裂,并且 *Bmp4*,*Msx1*,*Pax9* 和 *Shox2* 在腭突前部的表达也没恢复到正常水平(图 2-10)。在 *Wnt1Cre;BmprIa$^{F/-}$;caIb* 新生鼠中,我们也没有发现下颌切牙结构,但是可以观察到上颌切牙和上下颌磨牙(图 2-12A~D)。并且 *Wnt1Cre;BmprIa$^{F/-}$;caIb* 小鼠的磨牙的发育时期和牙形态与野生型对照小鼠几乎相同,但是发育稍有延迟,尺寸略小(图 2-12B)。被挽救的磨牙在 E13.5 时牙胚间充质中 *Msx1* 表达水平恢复至正常,此时,*Bmp4* 和 *Pax9* 在磨牙牙胚间充质的表达水平也有部分恢复(图 2-11)。上颌切牙的虽然也有发育,但是两侧切牙位置非常接近,形态比野生型小很多,并且没向鼻腔侧面的延伸生长(图 2-12D)。高倍镜下观察突变小鼠的上切牙,发现在其结构有异常,在正常发育的切牙中,牙釉质只在其唇面形成(图 2-12C),而 *Wnt1Cre*; *BmprIa*$^{F/-}$;*caIb* 的上切牙的釉质在牙髓周围都有形成(图 2-12D')。

野生型小鼠在新生时就可以观察到分化的成釉细胞和成牙本质细胞,其特征是细胞形态的伸长,表达 *Amelogenin* 和 *Dspp*,牙本质的形成(图 2-12E, G, I)。而同时期的 *Wnt1Cre*;*BmprIa*$^{F/-}$;*caIb* 小鼠的磨牙中虽然可以观察到伸长的成釉细胞,但是没有成牙本质细胞及牙本质形成(图 2-12F)。在 *Wnt1Cre*;*BmprIa*$^{F/-}$;*caIb* 小鼠的上切牙中也观察到这种现象(图 2-12C, D),成牙本质细胞未分化,同时伴有或牙本质细胞分化标记基因 *DSPP* 的不表达(图 2-12J)。另外值得注意的是,虽然 *Wnt1Cre*;*BmprIa*$^{F/-}$;*caIb* 小鼠的磨牙和上切牙的成釉细胞都有形态上的伸长,但是成釉细胞标记基因 *Amelogenin* 的表达水平与对照相比非常低(图 2-12H)。

为了研究 *Amelogenin* 和 *Dspp* 表达水平的降低是否意味着 *Wnt1Cre*;*BmprIa*$^{F/-}$;*caIb* 小鼠牙发育和分化的延迟,我们将 E13.5 时 *Wnt1Cre*;*BmprIa*$^{F/-}$;*caIb* 小鼠磨牙牙胚进行体外肾囊膜下培养,野生型小鼠 E13.5 时的磨牙牙胚同时移植作为对照,经过 2 周的肾囊膜下培养,对照组的移植块中长出了具有分化良好的牙本质和釉质的牙(图 2-12K)。*Wnt1Cre*;*BmprIa*$^{F/-}$;*caIb* 小鼠的移植组织中,我们观察到伸长的成牙本质细胞和成釉细胞,并且有牙本质的沉积(图 2-12L),原位杂交发现在成牙本质细胞和成釉细胞中分别有 *Dspp* 和 *Amelogenin* 表达(图 2-12L', L''),由此说明了 *Wnt1Cre*;*BmprIa*$^{F/-}$;*caIb* 小鼠成釉细胞和成牙本质细胞分化的延迟。这些结果说明,*caBmprIb* 在牙发育过程中可以弥补神经嵴细胞中 *BmprIa* 的缺失,但是由成牙本质细胞和成釉细胞分化延迟得出,*BmprIb* 并不能完全代替 *BmprIa* 的功能。

2.2.3 讨 论

在本研究中,我们首先观察了 *BmprIa* 和 *BmprIb* 在发育牙及腭突中的表达模式。以前有研究发现 *BmprIa* 在上皮中的表达对牙和继发腭的发育有关键作用(Andl et al., 2004; Liu et al., 2005),我们的结果表明间充质中的 *BmprIa* 对牙和继发腭的发育也是必要的。Cre 介导的 *BmprIa* 在间充质中的缺失会导致继发腭前部腭裂和牙发育停滞在蕾状期或帽状早期,同时伴有 BMP 信号路径中下游基因表达的下调和细胞增殖缺陷。我们的挽救实验进一步发现了特异性组织的 *BmprIa* 和 *BmprIb* 在颅颌面器官发育中有着组织特异性的功能互补。

2.2.3.1 间充质 *BmpIa* 对继发腭突前部发育是必要的

越来越多的证据表明,沿着发育中的继发腭的前后轴,在细胞和分子水平都表现出异质性(Hilliard et al.,2005; Okano et al., 2006; Gritli-Linde,2007),有许多基因的表达模式沿着继发腭突的前后轴不同(Zhang et al., 2002; Alappat et al., 2005; Yu et al., 2005; He et al.,2008; Liu et al.,2008; Xiong et al.,2009)。在细胞水平上,腭突前部细胞和后部细胞对生长因子诱导作用的不同反应表现在细胞增殖和基因表达上(Hilliard et al.,2005)。例如,在腭突前部加外源性 BMP 蛋白会诱导间充质细胞增殖和 *Msx1* 在间充质中表达,但是如果将蛋白加在腭突后部则不会引起这种改变(Zhang et al., 2002; Hilliard et al., 2005)。也许正是因为 *BmprIa* 和 *BmprIb* 只在腭突前部间充质中局限性表达(图 2-6)。同样的,在腭突间充质中失活 *BmprIa* 只会导致其前部的细胞增殖缺陷从而引起继发腭前部腭裂。这个结果说明在 BMP 信号调节腭突间充质细胞增殖过程中,*BmprIa* 起着主要作用。虽然 *BmpIb* 在腭突前部的表达与 *BmprIa* 相重叠,但是它并不能补偿 *BmprIa* 的缺失。因此,BMPR-IA 和 BMPR-IB 在腭突发育过程中调节着不同的下游信号路径。在前部腭突,*Msx1* 和 *Bmp4* 相互作用形成一个自动调节的循环,从而控制调节细胞增殖的基因通路(Zhang et al., 2002)。*Pax9* 是腭突发育过程中一个关键的调节因子,当 *BmprIa*

失活时,其在间充质中的表达被大大下调,除了 *Pax9*,*Msx1* 和 *Bmp4* 在间充质中的表达也被下调,这说明 BMP4 信号通路是通过 BMPR-IA 调节 *Msx1* 和 *Pax9* 表达的。BMPR-IA 对于 *Shox2* 在前部腭突间充质的正常表达也是必要的,*Shox2* 突变型小鼠同时也表现出继发腭前部腭裂的表型(Yu et al.,2005;Gu et al.,2008)。这个结果与我们之前报道过的腭突前部间充质 *Shox2* 表达需要 BMP 信号路径的结果相一致。然而,因为 BMP 并不能直接诱导 *Shox2* 表达,而且生物信息学研究并没有在小鼠 *Shox2* 基因上游 10kb 的范围找到 Smad 的结合位点,因此,*Shox2* 似乎并不是 BMP 信号路径的直接下游基因。我们以前的研究发现,*Msx1* 或 *Shox2* 的突变都会引起前部腭突间充质细胞增殖的下降(Zhang et al., 2002; Yu et al., 2005),所以 *Wnt1Cre*;*BmprIa*$^{F/-}$ 小鼠腭突前部间充质细胞增殖的减少应该与 *Msx1* 和 *Shox2* 表达下降相关。

之前有研究发现:如果在腭突上皮中失活 *BmprIa* 会导致继发腭完全裂(Andl et al.,2004; Liu et al., 2005)。在本研究中,在腭突间充质中失活 *BmprIa* 也导致了腭裂的发生,说明在上皮和间充质中 BMPR-IA 介导的信号通路对腭突发育都是很重要的。继发腭前部裂在人类畸形中并不常见,通常认为是非基因性融合缺陷造成的(Fara,1971; Mitts et al.,1981; Schupbach, 1983)。结合我们之前报道过的 *Shox2* 突变型小鼠的腭裂表型,我们的结果直接证明了这种腭裂的发生与基因调控是相关的。

2.2.3.2 牙发育早期 *Bmp4* 表达的自我维持需要间充质中的 *BmprIa*

以往的研究发现,BMP 信号路径在牙发育的各个阶段都起着重要作用,我们的结果进一步说明了间充质中 BMPR-IA 介导的 BMP 信号路径在牙发育中的关键作用。在神经嵴来源的牙胚间充质中敲除 *BmprIa* 会导致磨牙发育停滞在蕾状期或帽状早期,这一表型同时伴有 BMP 活性降低和细胞增殖缺陷,间充质表达的 BMP4 对于磨牙从蕾状期发育到帽状期是必需的(Chen et al.,1996; Jernvall et al., 1998; Zhang et al.,2000; Zhao et al.,2000)。*Msx1* 和 *Pax9* 在间充质中协同调节 *Bmp4* 表达,从而维持 *Msx1* 的表达水平(Chen et al., 1996; Peters et al.,1998; Ogawa et al.,2006; Nakatomi et al.,2010)。

本研究中的原位杂交结果显示，在 *Wnt1Cre*;*Bmrpla*$^{F/-}$ 磨牙间充质中 *Bmp4*、*Msx1* 和 *Pax9* 表达都有显著下降，说明 BMPR-IA 是 *Bmp4*、*Msx1* 和 *Pax9* 正向调节的一个关键因子。在帽状期之前 *Bmprlb* 和 *Bmprla* 的表达相互重叠，因此 *Wnt1Cre*;*Bmprla*$^{F/-}$ 小鼠磨牙蕾状期 *Bmp4*、*Msx1* 和 *Pax9* 有表达可能是因为 *Bmprlb* 仍在此处表达。显然，突变型小鼠磨牙间充质中 *Bmp4* 的表达量不足以使牙胚从蕾状期发育到帽状期。有趣的是，在上皮中失活 *Bmprla* 也会导致牙发育停滞在蕾状期(Andl et al.,2004; Liu et al.,2005)，这也许可以解释为 BMPR-IA 在上皮中介导由间充质发出的 BMP 信号路径从而使牙胚向帽状期发育。

在间充质中失活 *Bmprla* 会导致不同的切牙缺陷，*Wnt1Cre*;*Bmprla*$^{F/-}$ 小鼠下颌切牙从一开始就不发育，这可能是与下颌过短有关，*Wnt1Cre*;*Bmprla*$^{F/-}$ 小鼠的下颌前端有严重缺陷(图 2-7B)。上颌两个切牙牙胚融合形成一个切牙牙胚，并且发育停滞在蕾状早期，上颌切牙的缺陷表型比突变型小鼠的磨牙更加严重。这可能因为蕾状期的上颌切牙牙胚间充质中没有 *Bmprlb* 表达有关，也有可能是因为不同类型的牙发育时对 BMP 信号的需要不同。

2.2.3.3 在颅颌面发育过程中 *Bmprlb* 和 *Bmprla* 有局限性的功能互补

Bmp2 和 *Bmp4* 表达于颅颌面部发育的器官中，包括牙和腭，并且在其发育过程中起重要作用(Nie et al., 2006)。BMPR-IA 和 BMPR-IB 都可以高亲和力地结合 BMP2 和 BMP4(Sieber et al., 2009)，并且 BMPR-IA 和 BMPR-IB 在牙胚和腭突的表达有部分的重叠又有明显的不同。尽管 BMPR-IA 和 BMPR-IB 激酶活性区的一级结构有所不同，但是用细胞培养实验发现它们仍然可以介导相似的胞内信号路径(Wozney et al.,1988; ten Dijke et al.,1994; Hoodless et al.,1996; Kretzschmar et al.,1997)。许多功能获得性和功能缺失性体内实验都发现 BMPR-IA 和 BMPR-IB 在颅颌面部发育中的作用相似，例如，*Bmprlb* 突变小鼠的颅颌面部可以正常发育，说明 *Bmprla* 这个过程中可以代替 *Bmprlb* 的作用(Baur et al.,2000;Yi et al.,2000)。而在鸡胚中持续性的过表

达 *BmprIa* 或 *BmprIb* 会导致相似的表型，说明这两个受体在调控颅颌面部骨及软骨形成时起相似作用(Ashique et al.,2002)。另一方面，许多证据也说明了这两个 BMP I 型受体在胚胎发育过程中作用截然不同，*BmprIa* 突变小鼠的胚胎会在原肠期之前死亡，由此说明 *BmprIa* 对于胚胎早期发育非常重要(Mishina et al., 1995)。BMPR-IA 和 BMPR-IB 在鸡胚的变异表达会导致不同的肢芽表型，可见不同的 I 型 BMP 受体在器官形成过程中有不同的作用(Kawakami et al.,1996;Yokouchi et al.,1996;Zou et al., 1997)。在本研究中，我们发现：虽然两个 I 型受体在腭突前部的表达有重叠，但是在调控其发育过程中 *BmprIa* 和 *BmprIb* 并没有功能互补。BMPR-IA 介导的信号路径在腭突发育过程中有不可替代的作用，因为我们试图用 *caBmprIb* 挽救 *BmprIa* 的缺失而造成的前腭裂，但未能成功。与之不同的是，在磨牙发育过程中，牙胚间充质中的 *BmprIa* 和 *BmprIb* 有局限性的功能互补。这个结论是从以下事实得出的：①E13.5 牙胚蕾状期时，*BmprIb* 在上颌磨牙间充质的表达强于下颌磨牙(图 2-6F)；帽状期时，*BmprIb* 只表达于上下颌磨牙牙胚上皮(图 2-6I, J)；②*Wnt1Cre*;*BmprIa*$^{F/-}$ 突变型小鼠中，所有的下颌磨牙发育都停滞在蕾状期，而大部分的上颌磨牙发育停滞在稍晚的帽状早期(图 2-8L)；③*Wnt1Cre*;*BmprIa*$^{F/-}$ 突变型小鼠磨牙蕾状期时，*Msx1* 在上颌磨牙间充质的表达要高于其在下颌磨牙间充质的表达(图 2-11B)；④*Wnt1Cre*;*BmprIa*$^{F/-}$;*caBmprIb* 的小鼠模型证明 *caBmprIb* 可以部分挽救牙发育的停滞(包括磨牙和上切牙)(图 2-12)。基于 *caBmprIb* 挽救 *Wnt1Cre*;*BmprIa*$^{F/-}$;*caBmprIb* 的小鼠牙和腭突的程度不同，说明这两种 I 型受体以组织特异性的方式介导不同的信号通路。

综上所述，我们的实验结果证明了，正常的腭突和牙发育绝对需要正常表达的 *BmprIa*，在颅颌面部发育的过程中，*BmprIb* 以组织特异性的方式与 *BmprIa* 有局限性的功能互补。

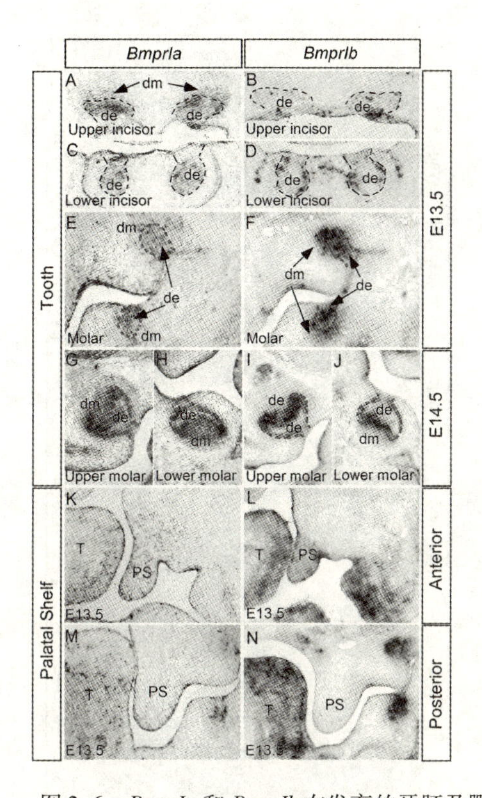

图 2-6 *Bmprla* 和 *Bmprlb* 在发育的牙胚及腭突中的表达

(A,E)E13.5时,*Bmprla* 表达于上颌切牙上皮和间充质(A)但在下颌切牙中只在上皮表达(E)。(B,D)同时期,*Bmprlb* 在上颌切牙(B)及下颌切牙(D)中都只在上皮表达。(E,F)在发育的磨牙牙胚中,E13.5时,*Bmprla*(E)和 *Bmprlb*(F)在上皮和间充质中都有表达,此时,*Bmprlb* 在上颌磨牙间充质中的表达量远远高于下颌磨牙(F)。(G-J)E14.5时,*Bmprla* 仍然在上下颌磨牙的上皮和间充质中持续表达(G,H),但是 *Bmprlb* 在磨牙中的表达变得局限于上皮中,尤其是内釉上皮(I,J)。(K-N)E13.5时,*Bmprla* 和 *Bmprlb* 在腭突中的表达。在前部腭突,*Bmprla*(K)和 *Bmprlb*(L)在上皮和间充质中都有表达。在腭突后部,*Bmprla* 在上皮中表达,在间充质中的表达非常低(M);*Bmprlb* 的表达没有检测到(N)。虚线为牙上皮界限。T,舌;de,牙上皮;dm, 牙胚间充质;PS,腭突。

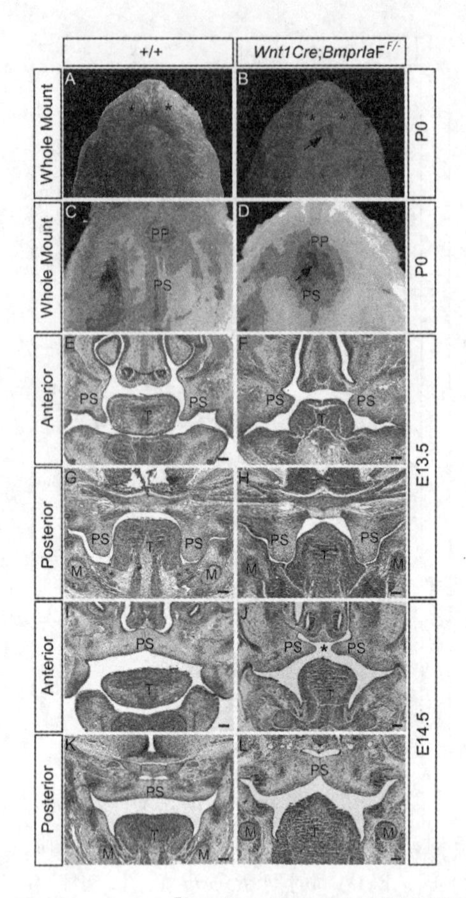

图 2-7 *Wnt1Cre*;*BmprIa*$^{F/-}$小鼠表现出独特的继发腭前部腭裂

(A-D)野生小鼠P0大体照及*Wnt1Cre*;*BmprIa*$^{F/-}$小鼠P0大体照的比较可见突变小鼠有颅颌面部缺陷,包括下颌短及上颌突发育不全(星号*)(B)和稀有的继发腭前部腭裂(箭头)(D)。(E-H)E13.5野生型小鼠(E,G)和*Wnt1Cre*;*BmprIa*$^{F/-}$小鼠(F,H)冠状切片展示突变型小鼠前部腭突较短且处于水平位置(F)。后部腭突与对照组没有明显区别(G,H)。(I-L)E14.5时,野生型小鼠胚胎的两侧腭突前部及后部在中线处相遇(I,K),而突变型小鼠的前部腭突因为过短而不能在中线处相遇(J),但其后部腭突可以相遇并融合(L)。M,Meckel's 软骨;T,舌;PP,原发腭;PS,腭突;(A)和(B)中的星号标记上颌突。(J)中星号标记腭裂。(B)中箭头标记暴露的舌。(D)中箭头标记腭裂。标尺为100 μm。

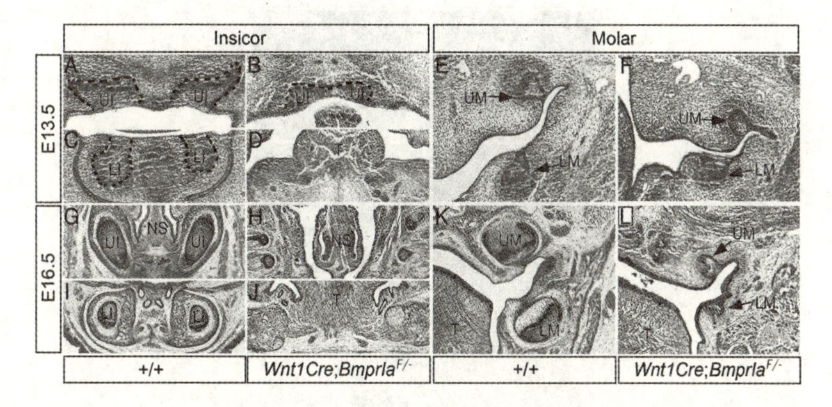

图 2-8 *Wnt1Cre*;*BmprIa*$^{F/-}$ 小鼠有牙发育缺陷

(A,C)E13.5 野生型小鼠上颌切牙牙胚(A)和下颌切牙牙胚(C)冠状切面,此时牙胚为蕾状期。(B,D)E13.5 *Wnt1Cre*;*BmprIa*$^{F/-}$ 小鼠上颌两个切牙牙胚为蕾状早期并发生了融合(B)无下颌切牙(D)。(E,F)E13.5 时,野生型小鼠和突变型小鼠的磨牙蕾状期冠状切面,此时突变型小鼠磨牙的发育稍有延迟且牙间充质细胞聚集较少(F)。(G,I)切片展示为野生型小鼠 E16.5 上颌切牙(G)及下颌切牙(I)。(H,J)E16.5 时,突变小鼠没有上颌切牙(H)和下颌切牙(J)。(K)E16.5 野生型小鼠磨牙钟状期冠状切面。(L)E16.5 突变型小鼠仍能看到残余的磨牙牙胚结构。上颌磨牙发育停滞在帽状早期,下颌磨牙发育停滞在蕾状期。虚线为牙上皮界限。T,舌;LI,下颌切牙;LM,下颌磨牙;NS,鼻中隔;UI,上颌切牙;UM,上颌磨牙。

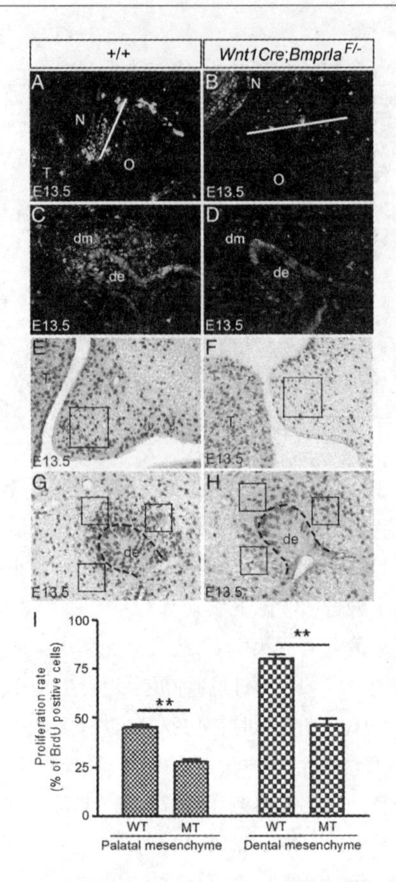

图 2-9 突变小鼠胚胎牙胚间充质和腭突间充质中
BMP/Smad 信号通路活性和细胞增殖

Wnt1Cre;*BmprIa*$^{F/-}$小鼠胚胎牙胚间充质和腭突间充质中 BMP/Smad 信号通路活性和细胞增殖水平都下降。(A,C)免疫组化结果显示野生型小鼠腭突(A)及上颌磨牙牙胚中 pSmad1/5/8 信号(C)。(A)图中的白线将 E13.5 腭突分隔为鼻腔面和口腔面。而 pSmad1/5/8 信号主要集中在鼻腔侧的腭突。(B,D)免疫组化结果显示,在 E13.5 突变小鼠的腭突间充质及牙胚间充质中 pSmad1/5/8 信号显著下调。(E-H)BrdU 标记 E13.5 突变小鼠前部腭突(F)及磨牙间充质(H)的细胞增殖比野生型小鼠(E,G)有所下降。矩形框表示细胞计数区。(G,H)图中虚线为牙上皮界限。(I)野生型小鼠和突变型小鼠腭突及磨牙中 BrdU 标记细胞比较。误差线表示标准差值,* * 表示 $P<0.001$。N 表示腭突鼻腔侧,O 表示腭突口腔侧。de,表示牙上皮;dm,牙间充质;MT,突变型小鼠;WT,野生型小鼠。

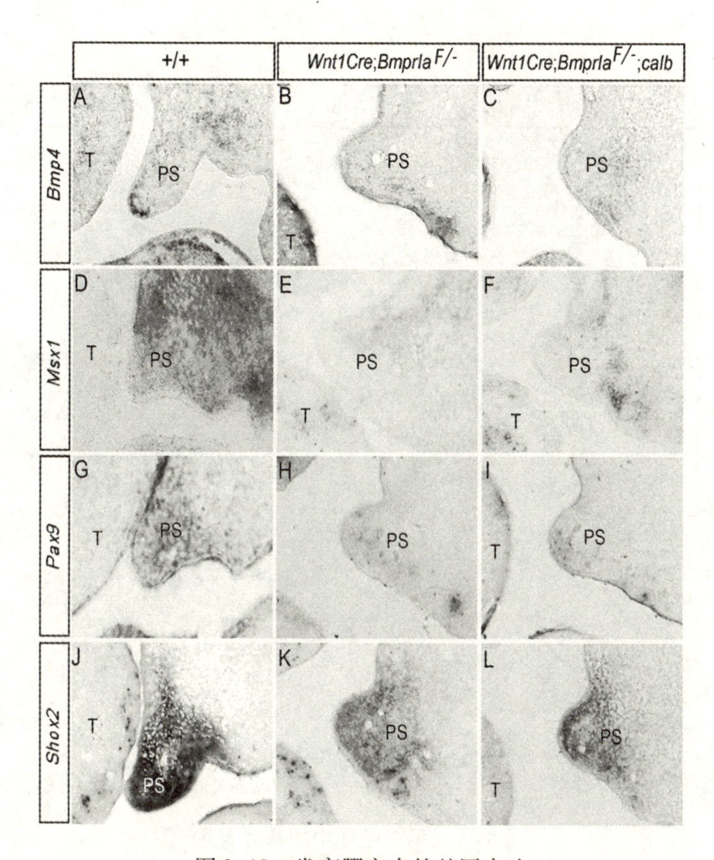

图 2-10 发育腭突中的基因表达

(A,D,G,J)原位杂交结果展示了 E13.5 野生型小鼠腭突前部 *Bmp4*(A),*Msx1*(D),*Pax9*(G)和 *Shox2*(J)的表达。(B,E,H,K)E13.5 时,*Wnt1Cre*;*BmprIa*$^{F/-}$ 小鼠前部腭突中 *Bmp4*(B),*Msx1*(E),*Pax9*(H)和 *Shox2*(K)的表达与对照组相比有显著的下调。(C,F,I,L)*Wnt1Cre*;*BmprIa*$^{F/-}$;*caIb* 小鼠前部腭突 *Bmp4*(B),*Msx1*(E),*Pax9*(H)和 *Shox2*(K)的表达水平仍然较低。T,舌;PS,腭突。

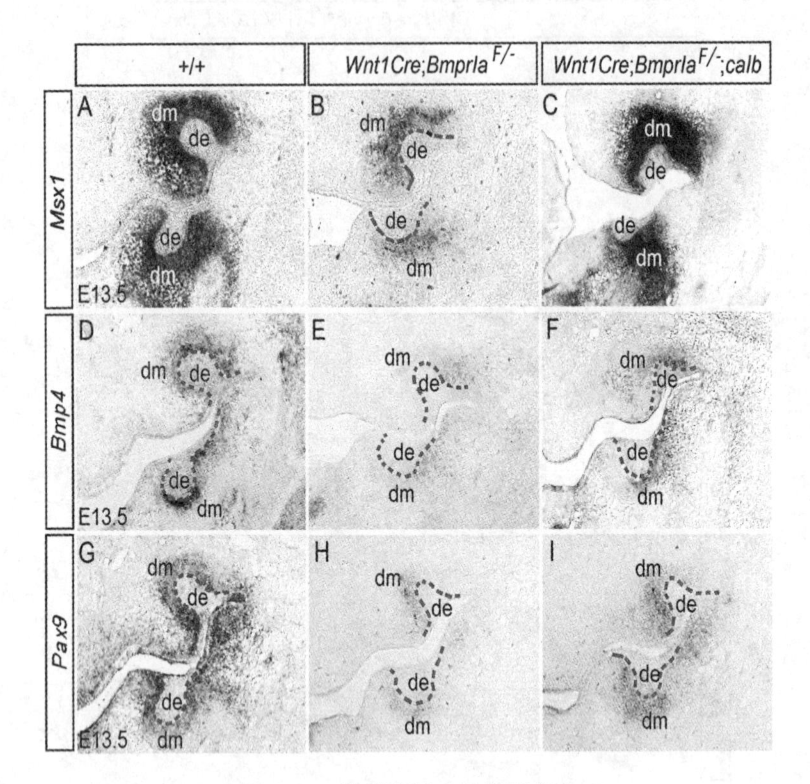

图 2-11　发育磨牙中的基因表达

(A,D,G)原位杂交展示了 E13.5 野生型小鼠磨牙牙胚间充质中 *Msx1*(A),*Bmp4*(D)和 *Pax9*(G)的表达。(B,E,H)E13.5 时,*Wnt1Cre*;*BmprIa*$^{F/-}$ 小鼠磨牙牙胚间充质中 *Msx1*(B),*Bmp4*(E)和 *Pax9*(H)的表达与对照组相比有显著的下调。(C,F,I)*Wnt1Cre*;*BmprIa*$^{F/-}$;*calb* 小鼠磨牙牙胚间充质中 *Msx1*(C)的表达水平与其在野生型鼠的表达水平相当,*Bmp4*(F)和 *Pax9*(I)的表达水平也被部分挽救。虚线表示牙上皮界限。de,牙上皮;dm,牙间充质。

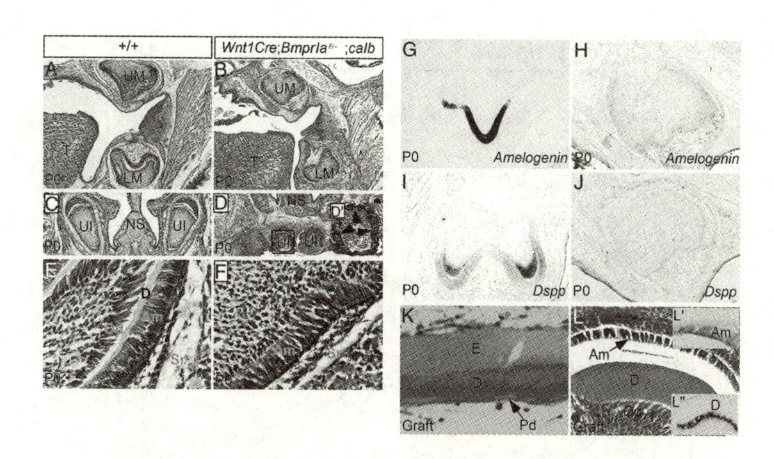

图2-12 *Wnt1Cre;BmprIa*$^{F/-}$*;calb*小鼠牙发育被挽救

(A,C)出生当天(P0)野生型小鼠磨牙(A)和上颌切牙(C)形态组织学切片。(B)P0时,*Wnt1Cre;BmprIa*$^{F/-}$*;calb*小鼠的磨牙的发育时期及形态都与野生型小鼠相当。(D)P0时,*Wnt1Cre;BmprIa*$^{F/-}$*;calb*小鼠两个上颌切牙较接近并且在鼻中隔下方形成。(D')高倍显微镜下观察到的上颌切牙结构发现切牙有结构错落,箭头所指的为釉质在牙髓腔四周形成。黑色虚线为成釉细胞的界限。(E)(P0)野生型小鼠磨牙的放大图可见伸长的成釉细胞和成牙本质细胞,并且有牙本质的沉积。(F)P0时,*Wnt1Cre;BmprIa*$^{F/-}$*;calb*小鼠的磨牙放大图,可见伸长的成釉细胞,但未见成牙本质细胞也没有牙本质沉积。(G,I)P0时,野生型小鼠磨牙的成釉细胞中有*Amelogenin*表达(G),成牙本质细胞中有*Dspp*表达(I)。(H,J)*Wnt1Cre;BmprIa*$^{F/-}$;*calb*小鼠P0时磨牙牙胚中没有*Amelogenin*和*Dspp*表达。(K)E13.5野生型小鼠的磨牙牙胚移植到肾囊膜下培养2周后有釉质和牙本质形成。(L)移植E13.5时*Wnt1Cre;BmprIa*$^{F/-}$*;calb*小鼠磨牙胚培养2周后有分化的成釉细胞和成牙本质细胞,并且有牙本质的沉积。(L')原位杂交结果,*Wnt1Cre;BmprIa*$^{F/-}$*;calb*小鼠移植磨牙中有*Amelogenin*表达。(L")*Wnt1Cre;BmprIa*$^{F/-}$*;calb*小鼠移植磨牙中也有*Dspp*表达。D,牙本质;E,釉质;Am,成釉细胞;LM,下颌磨牙;NS,鼻中隔;Od,成牙本质细胞;Pd,前期牙本质;Sr,星网状层;UI,上颌切牙;UM,上颌磨牙。

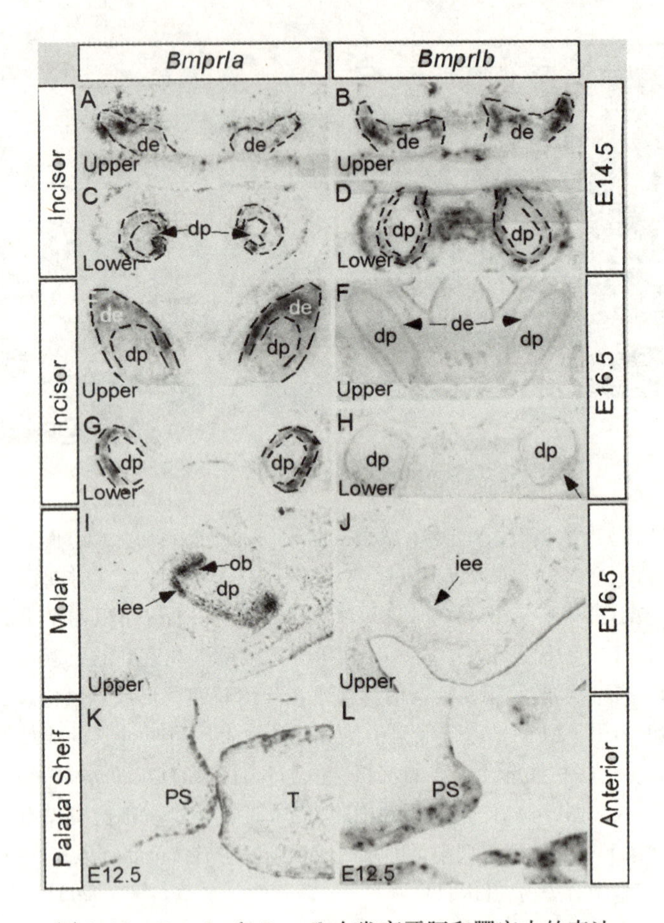

图 2-13 *Bmprla* 和 *Bmprlb* 在发育牙胚和腭突中的表达

(A,C)E14.5 时 *Bmprla* 在上颌切牙的上皮和间充质中(A)和下颌切牙上皮中表达(C)。(B,D)E14.5 时,*Bmprlb* 只表达于上颌切牙(B)及下颌切牙(D)。(E,G)E16.5 时,*Bmprla* 表达主要局限于上颌切牙(E)和下颌切牙(G)的牙上皮中。(F,H)E16.5 时,*Bmprlb* 只表达在上颌切牙(F)和下颌切牙(H)的牙上皮中,且表达水平相对较低。(I,J)E16.5 时的磨牙中,*Bmprla* 表达于内釉上皮和与其相邻的成牙本质细胞中(I),*Bmprlb* 只在内釉上皮有较低水平的表达(箭头,J)。(K,L)E12.5 时,*Bmprla* 和 *Bmprlb* 在前部腭突的上皮和间充质都有表达。T,舌;de,牙上皮;dp,牙髓;PS,腭突;iee,内釉上皮。

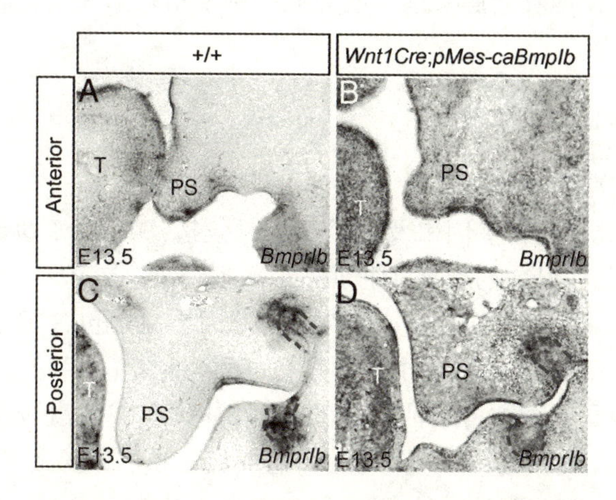

图 2-14 *BmprIb* 在腭突及牙间充中有异位/过表达

Wnt1Cre;*pMes-caIb* 胚胎,*BmprIb* 在腭突及牙间充中有异位/过表达。(A,C)E13.5 时,*BmprIb* 在野生型小鼠的前部腭突间充质(A)和磨牙牙胚中表达(C)。(B,D)E13.5 时,在 *Wnt1Cre*;*pMes-caIb* 腭突前部和后部间充质中都有 *BmprIb* 异位过表达(B),在其磨牙间充质中也有异位过表达(D)。T,舌;PS,腭突。黑色虚线为磨牙上皮界限。

2.3 实验三 在神经嵴细胞中过表达 *BmprIa* 会导致腭裂及牙分化延迟

在本部分实验中,我们研究了 BMP 信号平衡在颅颌面部器官发育中的作用,包括牙齿和腭部发育。*BmprIa* 编码的 I 型 BMP 受体是 BMP 信号转导的主要受体之一,我们以前的研究发现,特异性失活神经嵴来源的间充质细胞中的 *BmprIa* 会导致一种并不常见的腭裂——继发腭前部裂。这种突变小鼠的牙发育停滞在蕾状期或帽状早期,并且伴有严重的下颌缺陷。在本研究中我们发现;在特异性失活神经嵴来源的间充质细胞中的 *BmprIa* 的同时过表达激活的 *BmprIa* 可以挽救切牙缺陷,部分挽救腭部及磨牙缺陷。我们发现随着间充质中 *BmprIa* 量的变化小鼠颅颌面部畸形的不同。*Wnt1Cre* 介导的 *BmprIa* 在间充质中的过表达会导致继发腭完全性的腭裂和牙分化的延迟,同时伴有腭突前部间充质细胞增殖缺陷和腭突后部异位软骨的形成。

2.3.1 材料与方法

2.3.1.1 动物及胚胎收集

本实验用的转基因鼠及基因敲除鼠包括:*Wnt-Cre*, *BmprIa*$^{+/-}$, *BmprIa*$^{F/F}$已在以前的研究中报道过(Mishina et al.,1995; Danielian et al.,1998)。*pMes-caBmprIa* 条件性转基因小鼠中包含了一个鸡的 *β-action* 启动子,在该启动子的后面是一个两端带 *LoxP* 位点的 *STOP* 元件,其后是一个被持续性活化的 BMPR-IA(将谷氨酰胺 203 变为天冬氨酸),最后是 *IRES-Egfp* 序列,用以表达绿色荧光蛋白,被称为 *caBmprIa*。*Wnt1Cre*;*BmprIa*$^{F/-}$胚胎的获得在实验二中已详细介绍。为了得到神经嵴来源的间充质不同程度被激活 *BmprIa* 的小鼠,将 *Wnt1Cre*;*BmprIa*$^{+/-}$小鼠与 *BmprIa*$^{F/+}$;*pMes-caBmprIa* 小鼠交配即可得到基因型分别为 *Wnt1Cre*; *BmprIa*$^{F/-}$, *Wnt1Cre*; *BmprIa*$^{F/-}$; *pMes-caBmprIa*, *Wnt1Cre*; *BmprIa*$^{F/+}$; *pMes-caBmprIa* 和 *Wnt1Cre*; *pMes-caBmprIa*。

神经嵴细胞 *BmprIa* 缺失的小鼠(*WntCre1*;*BmprIa*$^{F/-}$)会在 E12.5 死于去甲肾上腺素消耗过度(Stottmann et al.,2004;Morikawa et al., 2009),β 肾上腺素能受体拮抗剂异丙肾上腺素可以阻止这种死亡的发生,使得 *Wnt1Cre*;*BmprIa*$^{F/-}$的鼠胚可以存活至出生(Morikawa et al., 2009)。在该实验中,本实验将终浓度为 200μg/ml 的异丙肾上腺素加到 2.5 mg/ml 的维生素 C 溶液中,从胚胎 E7.5 开始给孕鼠喂药(Morikawa and Cserjesi,2008)。但是,如果不给孕鼠的饮用水中加入异丙肾上腺素,仍能得到 *Wnt1Cre*;*BmprIa*$^{F/-}$; *pMes-caBmprIa*, *Wnt1Cre*; *BmprIa*$^{F/+}$; *pMes-caBmprIa* 和 *Wnt1Cre*; *pMes-caBmprIa* 小鼠。

小鼠胎龄计算时以查到孕栓的当天中午计为胚胎 E0.5,按胎龄获得的胚胎先用冷的 PBS 冲洗数遍,分离小鼠胚胎头部,4% 的多聚甲醛在 4℃ 过夜固定,经过脱水,透明,用石蜡包埋,10 μm 切片用来进行组织学染色分析和原位杂交实验。另外有一部分标本经过不同的处理后准备用来做冰冻切片进行免疫组化分析。

2.3.1.2 组织学,原位杂交,免疫组织化学

组织学和原位杂交的切片厚度是 10μm,HE 染色用以观察结构,或用 Alcian Blue/Nuclear Fast Red 进行染色用以观察软骨形成,非放射性的 rRNA 探针用以原位杂交,按照已有方法进行实验(St. Amand et al., 2000)。冰冻切片的厚度也为 10 μm,按照已有方法进行免疫组织化学的分析(Xiong et al.,2009)。在免疫组化实验中使用的抗体为抗 p-Smad1/5/8 的多克隆抗体(Cell Signaling, cat. #: 9511),使用浓度为 1∶200。二抗为绿色荧光共轭聚合物(Invitrogen)。

2.3.1.3 小鼠肾囊膜移植实验

将 *Wnt1Cre* 小鼠与 *pMes-caBmprIa* 小鼠交配后,在 E13.5 时将孕鼠处死,将分离出的胚胎放入 PBS 溶液中置于冰上。通过绿色荧光可以将 *Wnt1Cre*; *caIa* 与野生型胚胎区别开来。野生型小鼠 E13.5 的胚胎同时取来作为阳性对照。将 E13.5 的 *Wnt1Cre*; *caIa* 和野生型小鼠胚胎下颌磨牙牙胚分离出来后进行肾囊膜移植。本实验使用成熟的 CD-1 雄鼠做移植鼠进行肾囊膜培养。

麻醉时,根据 CD-1 雄鼠体重按照 0.01mg/g 的量用异戊巴比妥钠进行腹腔内注射,分层切开背中部皮肤、肌肉,暴露肾脏后,用显微外科镊轻轻挑起肾囊膜,并用钝头玻璃针分离肾囊膜与肾脏;将分离好的磨牙或无牙区组织转移到昆明小鼠肾脏表面,并用钝头玻璃针轻轻将其推入分离的肾囊膜下,分层缝合创口,并做好标记(Zhang et al., 2003)。4 周后,将 CD-1 移植鼠处死,取移植块。

2.3.1.4 细胞增殖和 TUNEL 检测

用 BrdU 标记来检测细胞增殖,TUNEL 分析用来检测细胞凋亡,具体实验按已有方法进行(Zhang et al., 2002; Alappat et al., 2005)。检测细胞增殖的实验所用试剂盒是 BrdU Labeling and Detection Kit,检测细胞凋亡用的试剂盒为 In Situ Cell Death Detection Kit,这两个试剂盒都购自 Roche Diagnostics Corporation。细胞增殖率的计算,是通过在腭突间充质特定区域计算阳性增殖细胞数量和总细胞数量实现的,得出的最终结果是,这些特定区域被标记的细胞在细胞总数所占的百分比。首先从野生型鼠胚和突变型小鼠胚中分别选三个，切片后再从每个标本中选三张连续切片，从每个上面选出相同的区域进行计数和分析。对所得结果进行 Student's *t-test* 来确定实验组与对照组是否存在显著性差异。为了检测细胞凋亡，从每个基因型中选出四个标本进行 TUNEL 检验。

2.3.2 结　果

2.3.2.1 调节神经嵴来源的间充质中的 BMP 信号通路会导致不同的腭部和牙表型

在神经嵴来源的间充质中特异性地敲除 *BmprIa* 会导致比较严重的颅颌面部畸形，包括较短的下颌，发育不全的上颌突和一种并不常见的继发腭前部裂（Li et al., 2011）。为了检测不同强度的 BMP 信号对颅颌部发育的影响，我们将 *Wnt1Cre*;*BmprIa*$^{+/-}$ 小鼠与 *BmprIa*$^{F/+}$;*pMes* – *caBmprIa* 小鼠交配，得到的小鼠按照 BMP 信号从弱到强分别为 *Wnt1Cre*;*BmprIa*$^{F/-}$;*pMes-caBmprIa*，*Wnt1Cre*;*BmprIa*$^{F/+}$; *pMes-caBmprIa* 和 *Wnt1Cre*; *pMes-caBmprIa*。P0 时，*Wnt1Cre*;*BmprIa*$^{F/-}$;*pMes-caBmprIa* 的小鼠有较严重的颅颌部畸形，与 *Wnt1Cre*;*BmprIa*$^{F/-}$ 小鼠相似，其下颌较短，大体观并未发现腭裂（图 2-15B）。增强 BMP 信号后，*Wnt1Cre*;*BmprIa*$^{F/+}$; *pMes-caBmprIa* 小鼠的颅颌面部与野生型小鼠相似，没有明显的缺陷，下颌发育正常，无腭裂发生（图 2-15 C）。继续增强 BMP 信号，*Wnt1Cre*;*pMes-caBmprIa* 小鼠颅颌面部无明显缺陷，但是伴有继发腭完全性腭裂（图 2-15 D）。组织学分析发现，*Wnt1Cre*;*BmprIa*$^{F/-}$; *pMes-caBmprIa* 仍然有继发腭前部裂，但其腭裂的程度与 *Wnt1Cre*; *BmprIa*$^{F/-}$ 小鼠相比较轻（图 2-15 F, J）。*Wnt1Cre*; *BmprIa*$^{F/+}$; *pMes-caBmprIa* 小鼠两侧腭突前后部都在中线处融合，与野生型小鼠没有明显差别（图 2-15 G, K），在所收集的 6 个胚胎中有一例小鼠胚胎发现有继发腭完全性腭裂。*Wnt1Cre*;*pMes-caBmprIa* 小鼠继发腭前后腭突都没有在中线处融合（图 2-15 H, L），在所收集 16 个标本中有 2 例伴有单侧唇裂，1 例伴有双侧唇裂。这三种突变小鼠与野生型小鼠相比，其颅颌面部都有大量的异位软骨生成。

这三种突变小鼠也表现出了不同的牙表型。P1 时，*Wnt1Cre*；*Bmprla*$^{F/-}$小鼠没有上下切牙，残余的磨牙结构表明其发育停滞在帽状早期或蕾状期(见实验二)。*Wnt1Cre*；*Bmprla*$^{F/-}$；*pMes-caBmprla* 小鼠上切牙的发育达到了钟状期，尽管其下颌较短，但是仍然有下颌切牙发育，其发育程度不如野生型小鼠良好，有少量的牙本质沉积(图 2-15 N)。其上颌磨牙的发育比下颌磨牙好，上颌磨牙发育达到了钟状期，并且其内釉上皮细胞形态伸长，但是没有成牙本质细胞分化，其下颌磨牙形态异常，但仍能观察到伸长的内釉上皮细胞(图 2-15 R)。*Wnt1Cre*；*Bmprla*$^{F/+}$；*pMes-caBmprla* 和 *Wnt1Cre*；*pMes-caBmprla* 小鼠的切牙发育与野生型小鼠相似，其形态无明显异常，并且 *Wnt1Cre*；*pMes-caBmprla* 小鼠切牙牙本质沉积比野生型对照更多(图 2-15 O, P)，两种突变型小鼠磨牙形态发育没有明显异常，但是与野生型对照相比，其磨牙缺乏牙本质的沉积(图 2-15 S, T)。

2.3.2.2 在神经嵴来源的间充质中特异性地过表达 *Bmprla* 会导致继发腭完全性腭裂

在实验二中我们已详细研究了在神经嵴来源的间充质中特异性地敲除 *Bmprla* 会导致一种并不常见的继发腭前部裂，且牙发育停滞。在本实验中 *Wnt1Cre*；*Bmprla*$^{F/-}$；*pMes-caBmprla* 小鼠大体观并未发现腭裂，但是组织学切片发现在继发腭前部仍有腭裂，不过，其腭裂程度较 *Wnt1Cre*；*Bmprla*$^{F/-}$小鼠有所减轻；而在加强了 BMP 信号后，*Wnt1Cre*；*Bmprla*$^{F/+}$；*pMes-caBmprla* 小鼠的腭部发育恢复了正常，且牙表型也得到了挽救，说明这种突变小鼠神经嵴来源的细胞中的 BMP 信号的强度最接近正常，于是我们将重点研究在间充质中过度激活的 BMP 信号会对发育产生的影响。组织学分析发现，E13.5 时，*Wnt1Cre*；*pMes-caBmprla* 前部腭突与野生型小鼠相比较小，后部腭突形态及大小与野生型小鼠没有明显差别，但是能观察到异常的间充质细胞的聚集(图 2-16 A ~ D)。E14.5 时，野生型小鼠的腭突上抬至水平位置，沿着舌的上方水平生长并在中线处与对侧腭突相接，而突变小鼠胚胎的前部腭突只有一侧上抬至水平方向，另一侧腭突仍然处于垂直方向位于舌的侧方，后部两侧腭突都没有上抬，因而形成了腭裂(图2-16 E~H)。从实验结果可以看出，在神经嵴来源的腭突间充质中去除 *Bmpr1a* 会引起前部腭突的生长缺陷，从而导致继发腭前部腭裂的形成(Li et al., 2011)，而在神经嵴来源的间充质中过度地表达激活的 *Bmpr1a* 会导致继发腭完全性腭裂的形成。因此，腭突的正常发育过程中需要间充质中平衡的 BMP 信号调节。

2.3.2.3 *Wnt1Cre;pMes-caBmpr1a* 小鼠的腭突间充质中的细胞增殖

为了研究 *Wnt1Cre;pMes-caBmpr1a* 小鼠腭裂发生的细胞缺陷，我们用 BrdU 和 TUNEL 检测了细胞增殖和凋亡。在 E12.5 时，我们发现突变小鼠前部腭突间充质的细胞增殖与对照组相比明显减少，而腭突后部间充质的细胞增殖没有变化(图2-17 A~D, I)。E13.5 时，情况与 E12.5 时相同，腭突前部间充质细胞增殖减少，后部与对照组相比无明显变化（图2-17 E~H, J）。另一方面，在腭突中 TUNEL 检验并没有发现细胞凋亡的增加或异位的细胞凋亡。因此，这种腭突前部间充质细胞增殖的缺陷与 *Wnt1Cre;pMes-caBmpr1a* 小鼠前部腭突较小的结果相一致，也许与其腭突的形成有关。

2.3.2.4 *Wnt1Cre; pMes-caBmpr1a* 小鼠的腭突中基因表达的改变

为了确定在神经嵴来源的细胞中过表达 *Bmpr1a* 提高了腭突间充质中的 BMP 信号通路活性，我们用免疫组化的方法检测了磷酸化的 Smad1/5/8(pSmad1/5/8)的表达。E13.5，在野生型对照组，我们在前部腭突间充质中检测到大量的 pSmad1/5/8 阳性细胞，主要集中在未来的鼻腔侧，在后部腭突间充质中有少量 pSmad1/5/8 阳性细胞（图2-18 A, C）。在 *Wnt1Cre;pMes-caBmpr1a* 小鼠的前部腭突间充质中 pSmad1/5/8 阳性细胞的量没有明显变化，但是主要集中在腭突口腔侧，在后部腭突间充质中，有一些 pSmad1/5/8 阳性细胞聚集（图2-18 B, D）。

为了研究突变小鼠腭突发生的基因缺陷，我们检测了几个在腭突发育过程中与 BMP 信号通路相关的基因包括：*Shox2*, *Msx1* 和 *Shh*。我们的结果显示，E13.5 时，*Shox2* 和 *Shh* 在腭突前部的表达与对照相比无明显变化（图 2-18 E, F, M, N），*Msx1* 在腭突前部的表达模式与野生型对照相比更集中于腭突口腔侧（图 2-18 I, J），而在腭突后部间充质中检测到了 *Shox2* 和 *Msx1* 的异位表达，其表达部位与 pSmad1/5/8 阳性细胞聚集的部位一致（图 2-18 G, H, K, L）。*Shh* 在突变型小鼠腭突后部的表达与对照组没有不同（图 2-18 O, P）。

2.3.2.5 *Wnt1Cre;pMes-caBmprIa* 小鼠腭突中异位软骨的形成与腭裂发生相关

因为从组织学分析来看，在 *Wnt1Cre;pMes-caBmprIa* 小鼠的颅颌面部有大量异位软骨形成，而在前部腭突基因表达无明显变化，而突变型小鼠后部腭突中有异位的 pSmad1/5/8 阳性细胞聚集，且与 *Shox2* 和 *Msx1* 在后部的异位表达位置一致。为了检测是否在腭突发育过程中形成了异位软骨而导致了 *Wnt1Cre;pMes-caBmprIa* 小鼠腭裂的发生，我们检测了腭突发育早期 *Col2* 表达。*Col2* 作为一个标记基因表达于未分化的软骨细胞，检测结果显示，E13.5 时，*Wnt1Cre;pMes-caBmprIa* 小鼠的颅颌面 *Col2* 的表达较野生型小鼠胚胎要强，而且，从 *Col2* 的表达发现突变型小鼠的 Meckel 软骨远远大于野生型对照，值得注意的是，在突变型小鼠后部腭突的间充质中有异位的 *Col2* 的表达，其位置与腭突后部间充质中检测到的异位 pSmad1/5/8 阳性细胞及异位的 *Shox2* 和 *Msx1* 表达位置重叠（图 2-19 A, B, D, E）。我们进一步通过 Alcian Blue 染色证明，E13.5 时，突变小鼠腭突后部间充中确实有软骨形成（图 2-19 C, F）。因此，这种腭突后部异位软骨的形成可能是突变小鼠腭裂发生的原因之一。

2.3.2.6 *Wnt1Cre;pMes-caBmprIa* 小鼠牙早期发育不受影响

组织学检查结果发现，新生的 *Wnt1Cre;pMes-caBmprIa* 小鼠没有明显的牙缺陷，但是没有牙本质的沉积。为了检查 *Wnt1Cre; pMes-caBmprIa* 小鼠是否有早期牙发育异常，我们对突变型小鼠胚胎牙胚发育进行了组织学分析。E13.5，E14.5 及 E16.5 时，突变型小鼠的牙胚发育与对照组无明显差异，E13.5 时，磨牙牙胚发育到达了蕾状期，且牙胚周围间充质细胞聚集正常（图 2-20 A, B）。E14.5 时，磨牙发育达到了帽状期，可见到明显的釉结结构（图 2-20 C, D）。

E16.5 时,突变型小鼠牙胚发育到了钟状期,并且能观察到伸长的成釉细胞和成牙本质细胞形态(图 2-20 E, F)。

接下来我们检测了 *Wnt1Cre;pMes-caBmprIa* 小鼠的发育牙胚中 BMP 信号相关基因表达是否改变。我们首先用免疫组化的方法检测了磷酸化的 Smad1/5/8(pSmad1/5/8)的表达,以确定在神经嵴来源的细胞中过表达 *BmprIa* 提高了牙胚间充质中的 BMP 信号通路活性。E13.5 时,与对照组相比,*Wnt1Cre; pMes-caBmprIa* 小鼠牙胚间充质中 pSmad1/5/8 阳性细胞数量明显增高,牙胚上皮中的 pSmad1/5/8 阳性细胞数量较对照组也有所增加(图 2-21 A, B)。

Msx1/Bmp 的反馈调节作用在牙发育过程中有重要作用,而在牙从蕾状期向帽状期发育过程中离不开 BMP 信号通路的调节, *Shh* 和 *Fgf4* 是小鼠牙胚帽状期重要的标记基因。因此,我们检测了 *Msx1*, *Shh* 和 *Fgf4* 在突变型小鼠及野生型小鼠牙胚发育过程中的表达。我们发现,E13.5 时, *Msx1* 在突变小鼠牙胚间充质中的表达与对照组无明显差别(图 2-21 C, D)。E14.5 时,突变型小鼠牙胚发育到了帽状期,在牙胚上皮中检测到了 *Shh* 的表达,且表达水平较对照组稍强(图 2-21 E, F), *Fgf4* 表达模式及强度与野生型小鼠牙胚相同(图 2-21 G, H)。这些结果说明, *Wnt1Cre;pMes-caBmprIa* 小鼠牙早期发育无明显异常。

2.3.2.7　*Wnt1Cre;pMes-caBmprIa* 小鼠牙发育晚期分化延迟

虽然 *Wnt1Cre;pMes-caBmprIa* 小鼠牙早期发育并未受到影响,但是从组织学分析发现 P0 时,突变小鼠磨牙与野生型小鼠仍有差异,为了检测突变小鼠牙发育晚期是否有异常,我们首先比较了 P0 时下颌第一磨牙,突变小鼠的下颌第一磨牙形态和大小与野生型小鼠并无明显差异,可见到 7 个牙尖排列正常(图 2-22 A, B)。但是组织切片发现,在 P0 时, *Wnt1Cre;pMes-caBmprIa* 小鼠的磨牙虽然有成釉细胞和成牙本质细胞的伸长,但是成釉细胞和成牙本质细胞层分离,且没有牙本质沉积。通过高倍镜观察发现,其成牙本质细胞和成釉细胞排列不整齐,极性不明显(图 2-22 D, D'), *Amelogenin* 只表达于牙尖处的成釉细胞,且表达水平远远低于对照组。*Dspp* 只在成釉细胞上有极微弱的表达（图 2-22 F, H）。而同时期野生型小鼠中可以观察到分化的成釉细胞和成牙本质细胞,其特征是细胞形态的伸长,排列整齐,极性明显(图 2-22 C, C')。*Amelogenin* 表达于成釉细胞,*Dspp* 表达于成釉细胞和成牙本质细胞,以及牙本质的形成（图 2-22 E, G）。

为了研究 *Amelogenin* 和 *Dspp* 表达水平的降低是否表示着 *Wnt1Cre;pMes-caBmprla* 小鼠牙分化的延迟，我们将 E13.5 时 *Wnt1Cre; pMes-caBmprla* 小鼠磨牙牙胚进行体外肾囊膜下培养,野生型小鼠 E13.5 时的磨牙牙胚同时移植作为对照,经过 4 周的肾囊膜下培养,对照组的移植块中长出了钙化良好的牙。*Wnt1Cre;Bmprla*$^{F/-}$;*caIb* 小鼠的移植组织中也分离出了钙化良好的牙,且形态良好(图 2-22 I, J)。

2.3.3 讨论

在本研究中,我们发现随着间充质中 *Bmprla* 量的变化小鼠颅颌面部畸形的不同,这个结果表明间充质中 BMP 信号活性的平衡对牙和继发腭的发育也是必要的。*Wnt1Cre* 介导的 *Bmprla* 在间充质中的过表达会导致继发腭完全性的腭裂和牙分化的延迟,同时伴有腭突前部间充质细胞增殖缺陷和腭突后部异位软骨的形成。

2.3.3.1 间充质中平衡的 BMP 信号对继发腭的发育是必要的

越来越多的证据表明:BMP 信号通路的平衡在腭部的正常发育中起着重要作用。我们以前的研究发现,在间充质中特异性的失活 *Bmprla* 会导致继发腭前部腭裂(Li et al., 2011)。在本研究中,当用 *caBmprla* 挽救间充质缺失 *Bmprla* 时发现,随着 BMP 信号通路活性的增强,继发腭前部腭裂的表型得到逐步改善,当基因型为 *Wnt1Cre;Bmprla*$^{F/+}$;*pMes-caBmprla* 时,新生鼠腭板发育正常,说明此时 BMP 信号通路活性对腭板发育来说接近正常水平。当进一步增强 BMP 信号通路的活性后,*Wnt1Cre; pMes-caBmprla* 小鼠表现出继发腭完全性腭裂。与以前学者的研究相吻合,在 *Noggin* 突变小鼠中,伴随着 BMP 信号通路活性被提高,也会导致继发腭完全性腭裂的发生(He et al., 2010)。

以往学者的研究发现,沿着发育中的继发腭的前后轴,在细胞和分子水平都表现出异质性(Hilliard et al.,2005; Okano et al., 2006; Gritli-Linde, 2007),在细胞水平上,腭突前部细胞和后部细胞对生长因子诱导作用的不同反应表现在细胞增殖(Hilliard et al, 2005)。*Noggin* 突变小鼠会提高腭突上皮中 BMP 信号导致腭裂,并且伴有腭突前部间充质细胞增殖水平下调,而腭突后部间充质细胞增殖不变(He et al., 2010)。在本研究中我们发现,提高腭突间充质中 BMP 信号活性也会抑制腭突前部间充质中细胞增殖水平,但是腭突后部间充质细胞增殖水平不受过表达的 *BmprIa* 的影响。

在间充质中失活 *BmprIa* 后腭突间充质中 BMP 信号通路活性降低,并导致一些 BMP 相关基因在腭突前部间充质表达下降。而在本研究中,在间充质中过表达 *BmprIa* 后,腭突前部间充质中 BMP/Smad 信号通路被激活的位置发生了变化,从腭突间充质的鼻腔侧转移到了口腔,与之相一致的是突变型小鼠 *Msx1* 的表达位置也集中在了腭突间充质的口腔侧。*Msx1* 和 *Bmp4* 相互作用形成一个自动调节的循环,从而控制调节细胞增殖的基因通路,*Msx1* 突变小鼠导致的腭裂伴有腭突前部间充质细胞增殖下降(Zhang et al., 2002),虽然在腭突间充质中过表达 *BmprIa* 只改变了 *Msx1* 的表达模式,这种 *Msx1* 表达模式的改变可能与突变型小鼠腭突前部间充质细胞增殖的减少有关。以往也有研究发现,在腭部发育的过程中,基因表达的改变引起细胞迁移,而这种细胞的迁移会导致腭部发育畸形的产生(He et al., 2008),所以这种 *Msx1* 表达模式的改变也可能是突变小鼠腭突间充质中的细胞发生迁移造成的。以前的研究证明,虽然在 BMPR-IA 对于 *Shox2* 在前部腭突间中的表达是必要的,但是在间充质中过表达 *BmprIa* 并没有使 *Shox2* 的表达上调。我们以往的研究也发现,BMP 并不能直接诱导 *Shox2* 表达,而且生物信息学研究并没在小鼠 *Shox2* 基因上游 10kb 的范围找到 Smad 的结合位点,因此,进一步说明 *Shox2* 似乎并不是 BMP 信号路径的直接下游基因。腭突前部细胞和后部细胞对生长因子诱导作用的不同反应还表现在基因表达上(Hilliard et al.,

2005)。在腭突前部加外源性 BMP 蛋白会诱导 *Msx1* 在间充质中表达,但是如果将蛋白加在腭突后部则不会引起这种改变(Zhang et al., 2002; Hilliard et al., 2005)。然而,当在腭突间充质中直接表达活化的 BMP 受体时,与 BMP/Smad 信号通路在腭突后部被激活的相同位置检测到了 *Msx1* 和 *Shox2* 的表达。一方面,尽管 *BmprIa* 在腭突后部间充质中有表达,但是表达水平较低,所以尽管加入了外源性蛋白,也没有足够受体接收 BMP 信号并调节基因表达。另一方面,可能间充质中过表达的 *caBmprIa* 影响了细胞的迁移,使得本来应迁移到别处形成软骨的细胞迁移至此形成软骨细胞,从而导致了腭裂的发生。

2.3.3.2 过度激活 BMP 信号通路延迟牙分化

在牙发育过程中,BMP 信号的平衡对于其正常发育和基因表达也很重要(Zhang et al., 2000; Zhao et al., 2000)。特异性敲除神经嵴细胞中的 *BmprIa* 会导致牙发育停滞,而且 *Msx1* 突变小鼠的牙发育可以被过表达的 BMP4 挽救。但是我们发现,在神经嵴来源的细胞中过表达被激活的 *BmprIa* 并不会导致牙早期发育异常,虽然 BMP/Smad 信号在牙间充质及牙上皮中都有提高,但是牙胚间充质中 *Msx1* 的表达并没有被上调。最近有学者发现,用 *Osr2Cre* 特异性失活牙间充质中的 *Smad4* 也不影响 *Msx1* 的表达,说明有可能牙间充质中 BMP 信号是通过 Smad 非依赖途径调节 *Msx1* 的。另一方面,牙间充质中表达 BMP4 可以诱导牙上皮中表达 Shh,我们也发现,突变小鼠牙上皮中的 *Shh* 的表达有所上调,进一步说明牙上皮中的 *Shh* 受到了间充质中 BMP 信号的调节。目前,我们还发现,虽然 *Noggin* 突变小鼠中磨牙的发育未受到影响,但是 *Wnt1Cre*; *caIa* 小鼠的细胞分化被延迟了。*Noggin* 主要表达于牙胚上皮中,也许 BMP 信号对牙分化的调节主要来自于牙间充质。

综上所述,我们的实验结果证明了,正常的腭突和牙发育需要平衡的 BMP 信号活性,间充质中过度的 BMP 信号通路活性会降低腭突前部细胞增殖水平和后部异位软骨形成而导致腭裂,并且延迟成牙本质细胞和成釉细胞的分化。

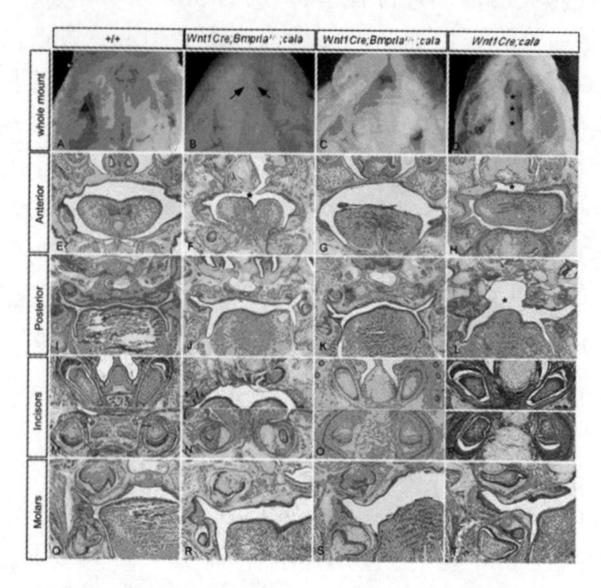

图 2-15 调节神经嵴来源的间充质中的 BMP 信号通路会导致不同表型

(A-D)野生型小鼠及 *Wnt1Cre*;*BmprIa*$^{F/-}$;*pMes-caBmprIa*,*Wnt1Cre*;*BmprIa*$^{F/+}$;*pMes-caBmprIa* 和 *Wnt1Cre*;*pMes-caBmprIa* 小鼠 P0 大体照,可见 *Wnt1Cre*;*BmprIa*$^{F/-}$;*pMes-caBmprIa*,*Wnt1Cre*;*BmprIa*$^{F/+}$;*pMes-caBmprIa* 无腭裂发生(B, C),而 *Wnt1Cre*;*pMes-caBmprIa* 小鼠有继发腭完全性腭裂(D)。(E-L) 为 P0 时腭突冠状切片。*Wnt1Cre*;*BmprIa*$^{F/-}$;*pMes-caBmprIa* 小鼠仍可观察到腭突前部有腭裂,但是程度较轻(F),但是后部两侧腭突在中线处融合(J),*Wnt1Cre*;*BmprIa*$^{F/-}$;*pMes-caBmprIa* 小鼠没有腭裂发生(G,K),*Wnt1Cre*;*pMes-caBmprIa* 小鼠前后腭突都未能在中线处融合,且有大量异位软骨产生(H, L)。(M-T)为 P0 时上下颌切牙和磨牙冠状切片。*Wnt1Cre*;*BmprIa*$^{F/-}$;*pMes-caBmprIa* 小鼠上颌切牙的发育达到了钟状期,有下颌切牙发育,其发育程度不如野生型小鼠良好,有少量的牙本质沉积(N),其上颌磨牙的发育比下颌磨牙好,上颌磨牙发育达到了钟状期,并且其内釉上皮细胞形态伸长,但是没有成牙本质细胞分化,其下颌磨牙形态异常,但仍能观察到伸长的内釉上皮细胞(R)。*Wnt1Cre*; *BmprIa*$^{F/+}$;*pMes-caBmprIa* 和 *Wnt1Cre*;*pMes-caBmprIa* 小鼠的切牙发育与野生型小鼠相似,其形态无明显异常,并且 *Wnt1Cre*;*pMes-caBmprIa* 小鼠切牙牙本质沉积比野生型对照更多(O, P),两种突变型小鼠磨牙形态发育没有明显异常,但是与野生型对照相比其磨牙缺乏牙本质的沉积(S, T)。(B)箭头标记对照切片继发腭前部腭裂处。(D,F,H,L)中星号标记腭裂。

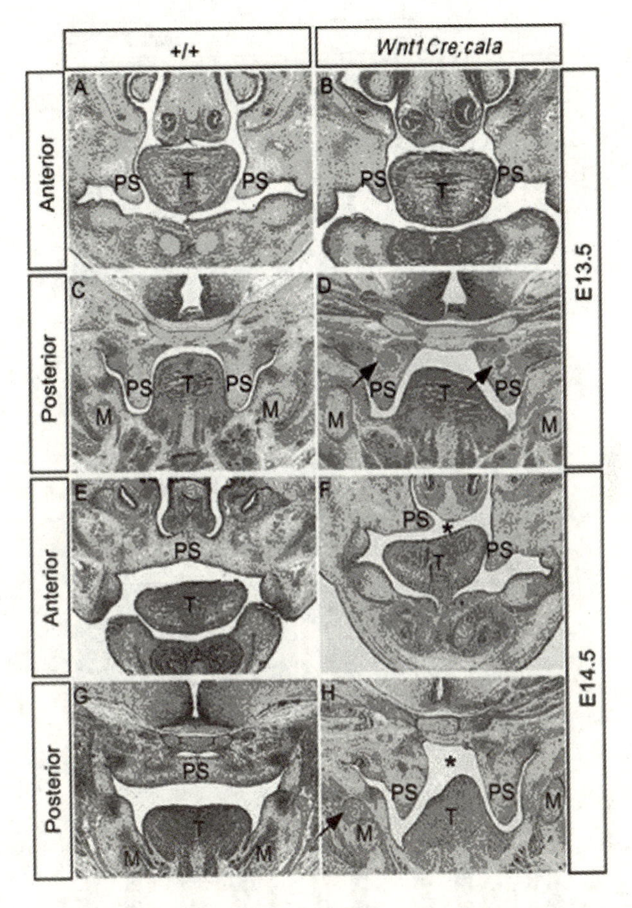

图 2-16 在间充质中特异性地过表达 *BmprIa* 会导致继发腭完全性腭裂

(A-D)E13.5 野生型小鼠(A,C)和 *Wnt1Cre*;*pMes-caBmprIa* 小鼠(B,D)冠状切片展示突变型小鼠前部腭突较小(B)。后部腭突形态及大小与野生型小鼠没有明显差别(D),但是能观察到异常的间充质细胞的聚集(箭头所示)。(E-H)E14.5 时,野生型小鼠胚胎的两侧腭突在中线处融合(E,G)。突变小鼠胚胎的前部腭突只有一侧上抬至水平方向,另一侧腭突仍然处于垂直方向位于舌的侧方(F),后部两侧腭突都没有上抬,因而形成了腭裂(H)。PS,腭突;T,舌;M,Meckel 软骨。(D)中箭头标记异常间充质细胞聚集。(F,H)中箭头标记腭裂。(H)中箭头标记异位软骨。

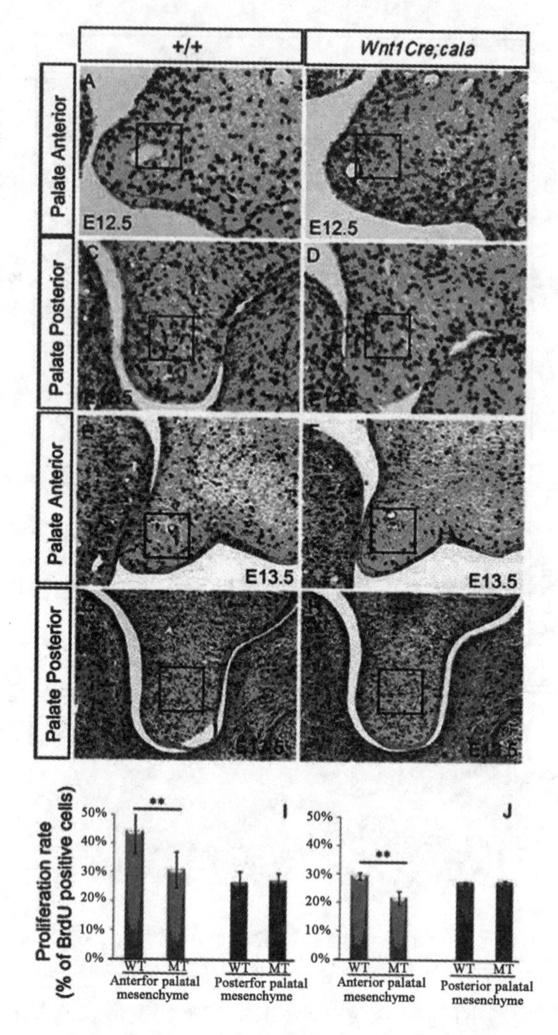

图 2-17 *Wnt1Cre*;*pMes-caBmprIa* 小鼠腭突间充质前部细胞增殖水平下降

(B,F)BrdU 标记 E12.5 和 E13.5 突变型小鼠前部腭突间充质的细胞增殖比野生型小鼠(A,E)有所下降。而突变型小鼠后部腭突间充质(D,H)与野生型小鼠(C,G)相比无显著差异。(I,J)E12.5 和 E13.5 时,野生型小鼠和突变型小鼠腭突中 BrdU 标记细胞比较,矩形框表示细胞计数区。误差线表示标准差值,* * 表示 $P<0.01$。

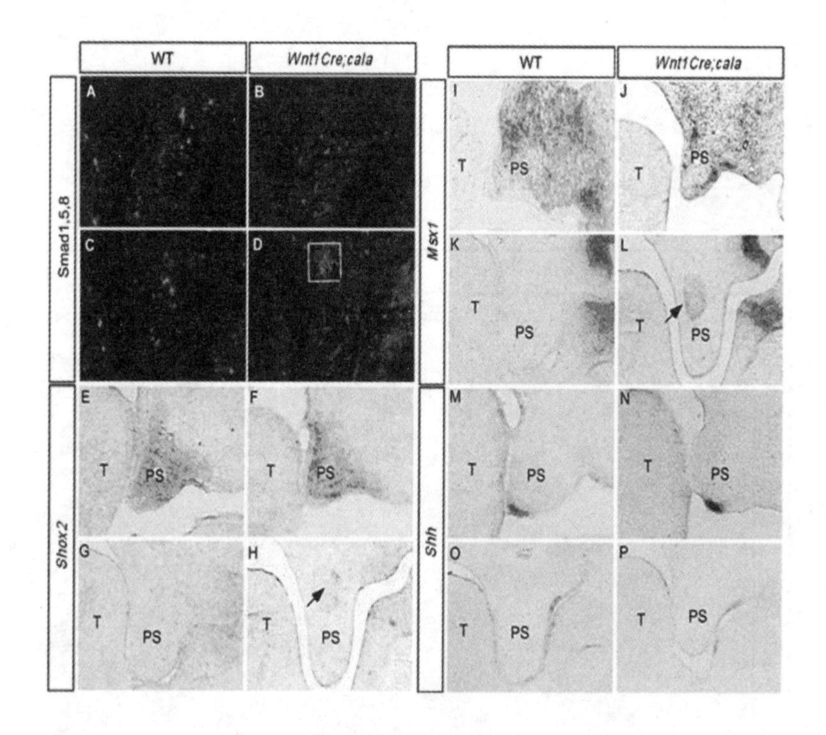

图2-18 发育腭部基因表达改变

Wnt1 Cre;*pMes-caBmprIa* 小鼠腭突间充质中 BMP/Smad 信号通路活性被异位激活和发育腭突中基因表达的改变。(A)免疫组化结果显示野生型小鼠腭突前部 pSmad1/5/8 信号主要集中在鼻腔侧的腭突,而突变小鼠前部腭突间充质中 pSmad1/5/8 阳性细胞主要集中在未来的口腔侧(B),在突变小鼠后部腭突间充质中,有一些 pSmad1/5/8 阳性细胞聚集(D)。(E,I,M)原位杂交展示了 E13.5 野生型小鼠腭突前部 *Shox2*(E), *Msx1*(I)和 *Shh*(M)的表达。(F,J,N)E13.5 时,*Wnt1 Cre*;*pMes-caBmprIa* 小鼠前部腭突中 *Shox2*(F)和 *Shh*(N)的表达与对照组相比无明显改变,*Msx1* 的表达主要集中在了腭突口腔侧(J)。(G,K,O)为 E13.5 时,野生型小鼠腭突后部 *Shox2*(G), *Msx1*(K)和 *Shh*(O)的表达。(H,L,P)E13.5 时,*Wnt1 Cre*;*pMes-caBmprIa* 小鼠后部腭突中 *Shh* 的表达无变化(P),而 *Shox2*(H)和 *Msx1*(L)在突变小鼠腭突后部有异位表达。矩形框为聚集的 pSmad1/5/8 阳性细胞。(H,L)中箭头为异位基因表达。PS,腭突;T, 舌。

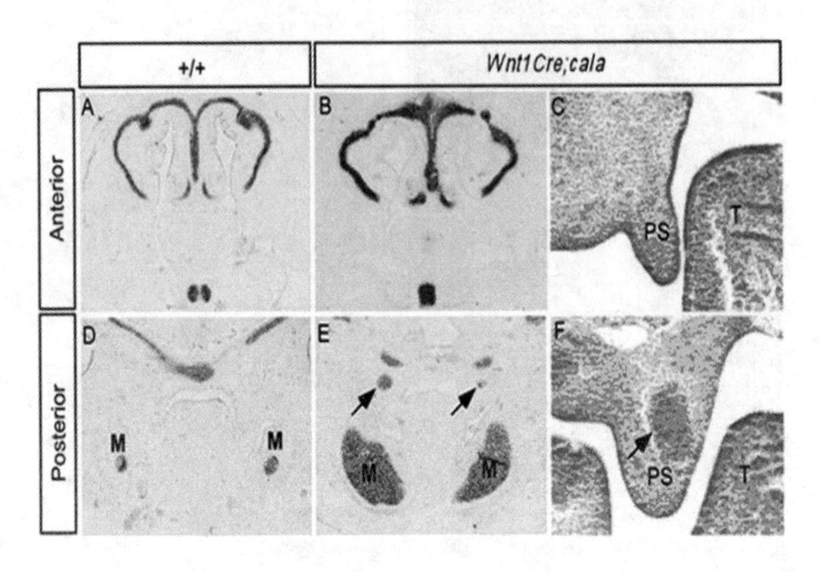

图 2-19 *Wnt1Cre*;*pMes-caBmprIa* 小鼠腭突中异位软骨的形成

(A,B,D,E)E13.5 时,原位杂交结果显示,*Wnt1Cre*;*pMes-caBmprIa* 小鼠的颅颌面 *Col2* 的表达(B,E)较野生型小鼠胚胎(D,E)要强,突变型小鼠的 Meckel 软骨(E)远远大于野生型对照(D),在突变型小鼠后部腭突的间充质中有异位的 *Col2* 的表达(E,箭头所示)。(C,F)E13.5 时 *Wnt1Cre*;*pMes-caBmprIa* 小鼠 Alcian Blue 染色,突变小鼠腭突后部间充质中确实有软骨形成(F)。箭头所示为后部腭突异位软骨。PS,腭突;T,舌;M,Meckel 软骨。

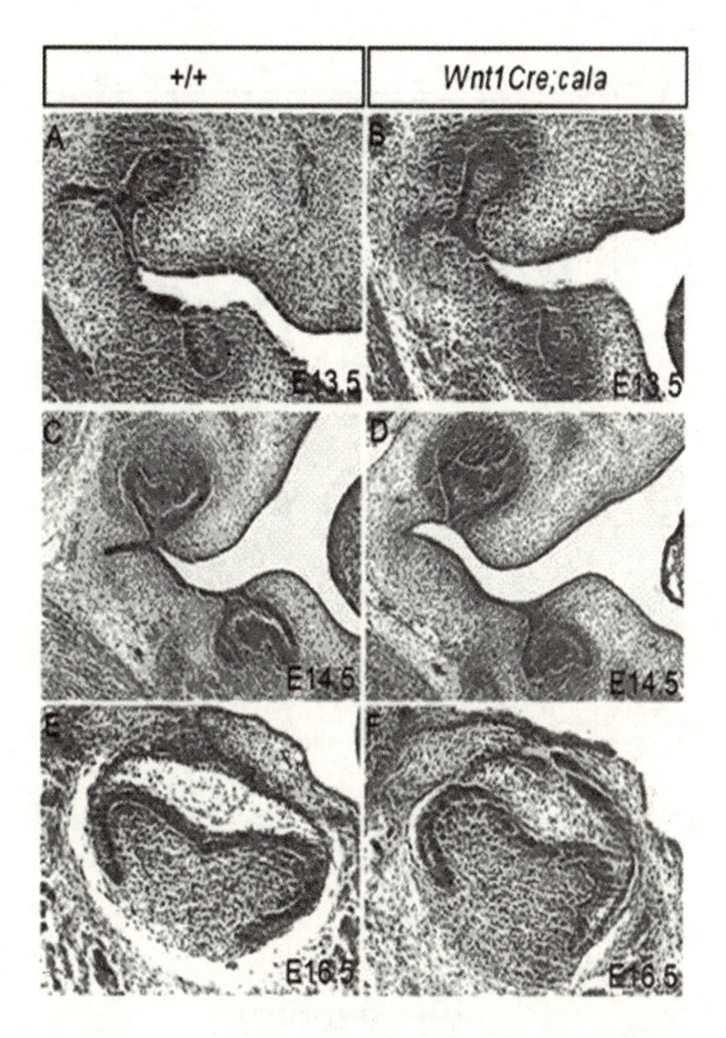

图 2-20 *Wnt1Cre;pMes-caBmprIa* 小鼠早期牙发育不受影响

E13.5(B),E14.5(D)及 E16.5(F)时,突变型小鼠的牙胚发育与野生型小鼠(A,C,E)无明显差异, E13.5 时,磨牙牙胚发育到达了蕾状期,且牙胚周围间充质细胞聚集正常(A, B)。E14.5 时,磨牙发育达到了帽状期,可见到明显的釉结结构(C, D)。E16.5 时,突变型小鼠牙胚发育到了钟状期,并且能观察到伸长的成釉细胞和成牙本质细胞形态 (E, F) 。

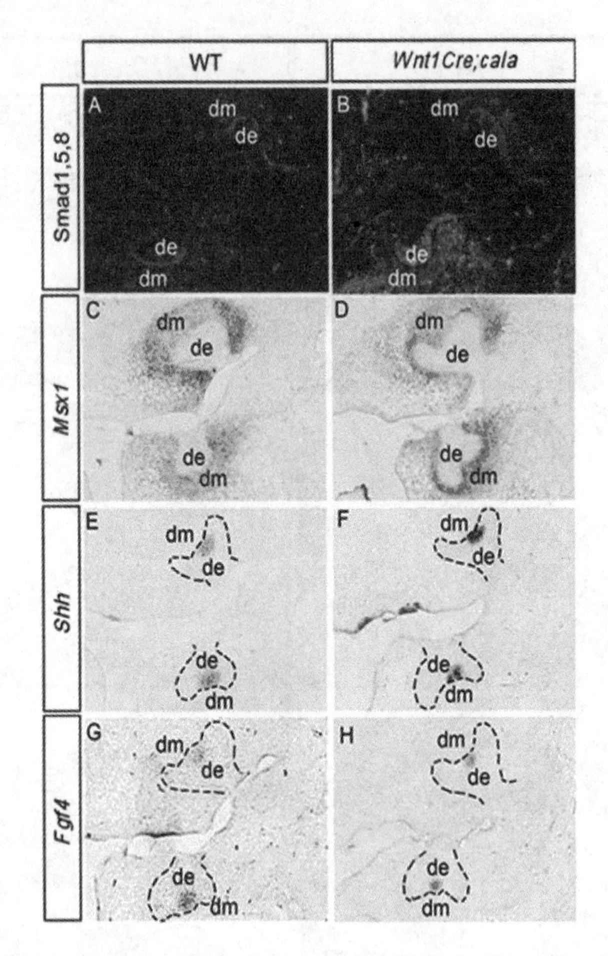

图 2-21 *Wnt1Cre;pMes-caBmprIa* 小鼠牙胚间充质 BMP/Smad 信号通路活性和基因表达

按(A,B)免疫组化结果显示,*Wnt1Cre*; *pMes-caBmprIa* 小鼠(B)牙胚间充质中 pSmad1/5/8 阳性细胞数量与对照组(A)相比明显增高。(C,D)原位杂交结果显示,E13.5 时,突变小鼠牙胚间充质中 *Msx1*(D)表达与对照组(C)无明显差别。(E,F)E14.5 时,突变小鼠牙胚上皮中 *Shh* 的表达(F)比对照(E)有所上调。(G,H)E14.5 时,突变型小鼠牙胚上皮 *Fgf4* 表达模式(H)及强度与野生型小鼠牙胚(G)相同。de,牙上皮;dm,牙间充质。

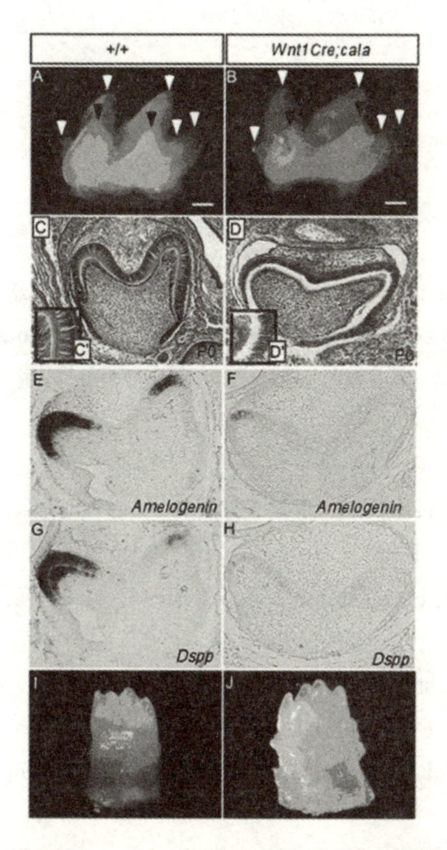

图 2-22 *Wnt1Cre*;*pMes-caBmprla* 小鼠牙发育晚期分化延迟

(A,B)P0 时,突变小鼠磨牙(B)与野生型下颌第一磨牙(A)形态和大小无明显差异,可见到 7 个牙尖(箭头所示)排列正常。(C,C',D,D')P0 时下颌第一磨牙组织切片。*Wnt1Cre*;*pMes-caBmprla* 小鼠成釉细胞和成牙本质细胞层分离,且没有牙本质沉积(D)。通过放大倍数观察发现,与对照组(C')相比,突变型小鼠(D')成牙本质细胞和成釉细胞排列不整齐,极性不明显。(E-H)*Amelogenin*(E,F)和 *Dspp*(G,H)在野生型小鼠磨牙与突变小鼠下颌第一磨牙的表达。在野生型小鼠中,*Amelogenin* 表达于成釉细胞(E),在突变小鼠下颌第一磨牙中 *Amelogenin* 只表达于牙尖处的成釉细胞,且表达水平远远低于对照组(F)。在野生型小鼠中,*Dspp* 的表达于成釉细胞和成牙本质细胞(G),在突变小鼠下颌第一磨牙中 *Dspp* 只在成釉细胞上有极微弱的表达(H)。

参考文献

Aberg T, Cavender A, Gaikwad JS, Antonius LJ, Bronckers J, Wang XP, Waltimo-Sirén J, Thesleff I, and D'Souza RN. Phenotypic Changes in Dentition of Runx2 Homozygote-null Mutant Mice. *J Histo Cytochem*. 2004, 52(1):131-139

Aberg T, Wozney J, Thesleff I. Expression patterns of bone morphogenetic proteins (Bmps) in the developing mouse tooth suggest roles in morphogenesis and cell differentiation. *Dev Dyn*. 1997, 210:383-396.

Ahn Y, Sanderson BW, Klein OD, Krumlauf R. Inhibition of Wnt signaling by Wise (Sostdc1) and negative feedback from Shh controls tooth number and patterning. *Development*. 2001, 137:3221-3231.

Alappat S. R., Zhang Z, Suzuki K, Zhang X, Liu H, Jiang R, Yamada G, Chen Y. The cellular and molecular etiology of the cleft secondary palate in Fgf10 mutant mice. *Devl Biol*. 2005, 277:102-113.

Andl T, Ahn K, Kairo A, Chu EY, Wine-Lee L, Reddy ST, Croft NJ, Cebra-Thomas JA, Metzger D, Chambon P, Lyons KM, Mishina Y, Seykora JT, Crenshaw EB 3rd, Millar SE. Epithelial Bmpr1a regulates differentiation and proliferation in postnatal hair follicles and is essential for tooth development. *Development*. 2004, 131(10):2257-2268.

Andl T, Reddy ST, Gaddapara T, Millar SE WNT signals are required for the initiation of hair follicle development. *Dev Cell*. 2002,2: 643-653.

Asada H, Kawamura Y, Maruyama K, Kume H, Ding RG, Kanbara N, Kuzume H, Sanbo M, Yagi T, Obata K. Cleft palate and decreased brain gamma-aminobutyric acid in mice lacking the 67-kDa isoform of glutamic acid decarboxylase. *Proc Natl Acad Sci U S A*. 1997, 94(12):6496-6499.

Ashique, A, Fu, K, Richman, JM. Signaling via type IA and type IB bone morphogenetic protein receptors (BMPR) regulates intramembranous bone formation, chondrogenesis and feather formation in the chicken embryo. *Int J Dev Biol*. 2002, 46: 243-253.

Barrow JR, Capecchi MR. Compensatory defects associated with mutations in Hoxa1 restore normal palatogenesis to Hoxa2 mutants. *Development*. 1999, 126(22):5011-5026.

Bauer, ST, Mai, JJ, Dymecki, SM. Combinatorial signaling through BMP receptor IB and GDF5: shaping of the distal mouse limb and the genetics of distallimb diversity. *Development*. 2000, 127: 605-619.

Bei M, Kratochwil K, Maas RL. BMP4 rescues a non-cell-autonomous function of Msx1 in tooth development. *Development*. 2000, 127(21):4711-4718.

Bei M, Maas R, FGFs and BMP4 induce both Msx1-independent and Msx1-dependent signaling pathways in early tooth development. *Development*. 1998, 125(21): 4325-4333.

Bei M, Stowell S, Maas RL. Msx2 controls ameloblast terminal differentiation. *Dev Dyn*. 2004, 231(4):758-765.

Bi W, Huang W, Whitworth DJ, Deng JM, Zhang Z, Behringer RR, de Crombrugghe B. Haploinsufficiency of Sox9 results in defective cartilage primordia and premature skeletal mineralization. *Proc Natl Acad Sci U S A* 2001, 98(12):6698-6703.

Bitgood MJ, McMahon AP. Hedgehog and BMP genes are coexpressed at many diverse sites of cell-cell interactions in the mouse embryo. *Dev Biol.* 1995, 172:126-138.

Blanton SH, Bertin T, Serna ME, Stal S, Mulliken JB, Hecht JT. Association of chromosomal regions 3p21.2, 10p13, and 16p13.3 with nonsyndromic cleft lip and palate. *Am J Med Genet A*. 2004, 125A(1):23-27.

Blavier L, Lazaryev A, Groffen J, Heisterkamp N, DeClerck YA, Kaartinen V. TGF-beta3-induced palatogenesis requires matrix metalloproteinases. *Mol Biol Cell.* 2001, 12(5):1457-1466.

Brinkley LL, Morris-Wiman J. Computer-assisted analysis of hyaluronate distribution during morphogenesis of the mouse secondary palate. *Development.* 1987, 100(4):629-635.

Brunet CL, Sharpe PM, Ferguson MW. The distribution of epidermal growth factor binding sites in the developing mouse palate. *Int J Dev Biol.* 1993, 37(3):451-458.

Bush JO, Lan Y, Jiang R. The cleft lip and palate defects in Dancer mutant mice result from gain of function of the Tbx10 gene. *Proc Natl*

Acad Sci U S A. 2004, 101(18):7022-7027.

Burke R, Nellen D, Bellotto M, Hafen E, Senti KA, Dickson BJ, Basler K. Dispatched, a novel sterol-sensing domain protein dedicated to the release of cholesterol-modified hedgehog from signaling cells. *Cell*. 1999, 99(7):803-815.

Cadigan KM, Nusse R. Wnt signaling: a common theme in animal development. *Genes Dev*. 1997, 11:3286-3305.

Carette MJ, Ferguson MW. The fate of medial edge epithelial cells during palatal fusion in vitro: an analysis by DiI labelling and confocal microscopy. *Development*. 1992, 114(2):379-388.

Celli G, LaRochelle WJ, Mackem S, Sharp R, Merlino G. Soluble dominant-negative receptor uncovers roles for fibroblast growth factors in multiorgan induction and patterning. *EMBO J*. 1998, 17:1642-1655.

Chai Y, Jiang X, Ito Y, Bringas P Jr, Han J, Rowitch DH, Soriano P, McMahon AP, Sucov HM. Fate of the mammalian cranial neural crest during tooth and mandibular morphogenesis. *Development*. 2000, 127(8):1671-1679.

Chai Y, Maxson RE Jr. Recent advances in craniofacial morphogenesis. *Dev Dyn*. 2006, 235(9):2353-2375.

Chen YP, Bei M, Woo I, Satokata I, Maas R. Msx1 controls inductive signaling in mammalian tooth morphogenesis. *Development*. 1996, 122(10):3035-3044.

Chen, YP, Maas R. Signaling loops in the recoprocal epithelial mesenchymal interactions of mammalian tooth development. In "Molecular Basis of Epithelial Appendage Morphogenesis" Chuong, C-M. Ed. R. G. Landes, Austin, TX, 1998:265-282.

Chen YP, Zhang Y, Jiang TX, Barlow AJ, St Amand TR, Hu Y, Heaney S, Francis-West P, Chuong CM, Maas R. Conservation of early odontogenic signaling pathways in Aves. *Proc Natl Acad Sci U S A.* 2000, 97 (18):10044-10049.

Clifton-Bligh RJ, Wentworth JM, Heinz P, Crisp MS, John R, Lazarus JH, Ludgate M, Chatterjee VK. Mutation of the gene encoding human TTF-2 associated with thyroid agenesis, cleft palate and choanal atresia. *Nat Genet.* 1998, 19(4):399-401.

Cobourne MT, Isabelle Miletich, Sharpe PT. Restriction of sonic hedgehog signalling during early tooth development. *Development.* 2004, 131:2875-2885.

Cobourne MT, Hardcastle Z, Sharpe PT. Sonic hedgehog regulates epithelial proliferation and cell survival in the developing tooth germ. *J Dent Res.* 2001, 80: 1974-1979.

Cobourne MT, Sharpe PT. Making up the numbers: The molecular control of mammalian dental formula. *Sem Cell Dev Biol.* 2010, 21:314-324.

Condie BG, Bain G, Gottlieb DI, Capecchi MR. Cleft palate in mice with a targeted mutation in the gamma-aminobutyric acid-producing enzyme glutamic acid decarboxylase 67. *Proc Natl Acad Sci U S A.* 1997, 94(21):11451-11455.

Coin R, Lesot H, Vonesch JL, Haikel Y, Ruch JV. Aspects of cell proliferation kinetics of the inner dental epithelium during mouse molar and incisor morphogenesis: a reappraisal of the role of the enamel knot area. *Int J Dev Biol.* 1999, 43(3):261-267.

Colvin JS, Green RP, Schmahl J, Capel B, Ornitz DM. Male-to-female sex reversal in mice lacking fibroblast growth factor 9. *Cell.* 2001a, 104:875-889.

Colvin JS, White AC, Pratt SJ, Ornitz DM. Lung hypoplasia and neonatal death in Fgf9-null mice identify this gene as an essential regulator of lung mesenchyme. *Development.* 2001b, 128:2095-2106.

Cuervo R, Covarrubias L. Death is the major fate of medial edge epithelial cells and the cause of basal lamina degradation during palatogenesis. *Development.* 2004, 131(1):15-24. Epub 2003 Nov 26.

Cuervo R, Valencia C, Chandraratna RA, Covarrubias L. Programmed cell death is required for palate shelf fusion and is regulated by retinoic acid. *Dev Biol.* 2002, 245(1):145-156.

Cui XM, Shiomi N, Chen J, Saito T, Yamamoto T, Ito Y, Bringas P, Chai Y, Shuler CF. Overexpression of Smad2 in Tgf-beta3-null mutant mice rescues cleft palate. *Dev Biol.* 2005, 278(1):193-202.

Culiat CT, Stubbs LJ, Woychik RP, Russell LB, Johnson DK, Rinchik EM. Deficiency of the beta 3 subunit of the type A gamma-aminobutyric acid receptor causes cleft palate in mice. *Nat Genet.* 1995, 11(3):344-346.

Dathan N, Parlato R, Rosica A, De Felice M, Di Lauro R. Distribution of the titf2/foxe1 gene product is consistent with an important role in the development of foregut endoderm, palate, and hair. *Dev Dyn.* 2002, 224(4):450-456.

De Moerlooze, L, Spencer-Dene B, Revest JM, Hajihosseini M, Rpsewell I, Dickson C. An important role for the IIIb form of fibroblast growth factor receptor 2 (FGFR2) in mesenchymal-epithelial signaling during mouse organogenesis. *Development.* 2000, 127, 4775-4785.

D'Souza RN, Aberg T, Gaikwad J, Cavender A, Owen M, Karsenty G, Thesleff I. Cbfa1 is required for epithelial-mesenchymal interactions regulating tooth development in mice. *Development.* 1999, 126(13):2911-2920.

D'Souza RN, Kelin OD. Unraveling the molecular mechanisms that lead to supernumerous teeth in mice and men: current concepts and novel approaches. *Cells Tissues Organs.* 2007. 186:60-69.

Dassule HR, Lewis P, Bei M, Maas R, McMahon AP. Sonic hedgehog regulates growth and morphogenesis of the tooth. Development. 2000, 127(22):4775-4785.

Dassule HR, McMahon AP. Analysis of epithelial-mesenchymal interactions in the initial morphogenesis of the mammalian tooth. *Dev Biol.* 1998, 202, 215-227.

DeAngelis V, Nalbandian J. Ultrastructure of mouse and rat palatal processes prior to and during secondary palate formation. *Arch Oral Biol.* 1968, 13(6):601-608.

De Felice M, Ovitt C, Biffali E, Rodriguez-Mallon A, Arra C,

Anastassiadis K, Macchia PE, Mattei MG, Mariano A, Schöler H, Macchia V, Di Lauro R. A mouse model for hereditary thyroid dysgenesis and cleft palate. *Nat Genet*. 1998, 19(4):395-398.

Dewulf N, Verschueren K, Lonnoy O, Morén A, Grimsby S, Vande Spiegle K, Miyazono K, Huylebroeck D, Ten Dijke P. Distinct spatial and temporal expression patterns of two type I receptors for bone morphogenetic proteins during mouse embryogenesis. *Endocrinology*. 1995, 136(6):2652-2663.

Ding H, Wu X, Boström H, Kim I, Wong N, Tsoi B, O'Rourke M, Koh GY, Soriano P, Betsholtz C, Hart TC, Marazita ML, Field LL, Tam PP, Nagy A. A specific requirement for PDGF-C in palate formation and PDGFR-alpha signaling. *Nat Genet*. 2004, 36(10):1111-1116.

Doffinger R, Smahi A, Bessia C, Geissmann F, Feinberg J, Durandy A, Bodemer C, Kenwrick S, Dupuis-Girod S, Blanche S et al. X-linked anhidrotic ectodermal dysplasia with immunodeficiency is caused by impaired NF-kappaB signaling. *Nat Genet*. 2001, 27:277-285.

Dudas M, Kim J, Li WY, Nagy A, Larsson J, Karlsson S, Chai Y, Kaartinen V. Epithelial and ectomesenchymal role of the type I TGF-beta receptor ALK5 during facial morphogenesis and palatal fusion. *Dev Biol*. 2006, 296(2):298-314.

Dudas M, Nagy A, Laping NJ, Moustakas A, Kaartinen V. Tgf-beta3-induced palatal fusion is mediated by Alk-5/Smad pathway. *Dev Biol*. 2004, 266(1):96-108.

Edwards, L. F., The origin of the pharyngeal teeth of the carp (Cyprinus carpio Linneas). *Ohio J. Sci.* 1929, 29: 93-130.

Elomaa O, Pulkkinen K, Hannelius U, Mikkola M, Saarialho-Kere U, Kere J. Ectodysplasin is released by proteolytic shedding and binds to the EDAR protein. *Hum Mol Genet.* 2001, 10(9):953-962.

Falconer DS. A totally sex-linked gene in the house mouse. *Nature.* 1952, 169:664-665.

Fallon JF, López A, Ros MA, Savage MP, Olwin BB, Simandl BK. FGF-2: Apical ectodermal ridge growth signal for chick limb development. *Science.* 1994, 264:104-107.

Fara, M. Congenital defects in the hard palate. *Plast. Resconstr. Surg.* 1971, 48:44-47.

Feldman B, Poueymirou W, Papaioannou, VE, DeChiara TM, and Goldfarb M. Requirement of FGF-4 for postimplantation mouse development. *Science.* 1995, 267: 246-249.

Ferguson MW. The structure and development of the palate in Alligator mississippiensis. *Arch Oral Biol.* 1981, 26(5):427-443.

Ferguson MW, Honig LS. Experimental fusion of the naturally cleft, embryonic chick palate. *J Craniofac Genet Dev Biol.* 1985, Suppl1:323-337.

Ferguson MW. Craniofacial development in Alligator mississippiensis, *The structure, development and Evolution of Reptiles*, London: Academic press, 1984:223-273.

Ferguson MW. Palate development. *Development.* 1988. 103 Suppl: 41-60.

Ferguson MW, Honig LS. Epithelial mesenchymal interactions during vertebrate palatogenesis. *Current topics in developmental biology.* 1984, 19:137-164.

Ferguson CA, Tucker AS, Christensen L, Lau AL, Matzuk MM, Sharpe PT. Activin is an essential early mesenchymal signal in tooth development that is required for patterning of the murine dentition. *Genes Dev.* 1998, 12:2636-2649.

Ferguson BM, Brockdorff N, Formstone E, Ngyunen T, Kronmiller JE, Zonana J. Cloning of tabby, the murine homologue of the human EDA gene: evidence for a membrane associated protein with a short collagenous domain. *Hum. Mol. Genet.* 1997, 6:1589-1594.

Firulli AB, McFadden DM, Lin Q, Srivastava D'Olson EN. Heart and extraembryonic mesodermal defects in mouse embryos lacking the bHLH transcription factor, Hand1. *Nature Genet.* 1998, 18:266-270.

Fitchett JE, Hay ED. Medial edge epithelium transforms to mesenchyme after embryonic palatal shelves fuse. *Dev Biol.* 1989, 131(2): 455-474.

Francis-West P, Ladher R, Barlow A, Graveson A. Signalling interactions during facial development. *Mech Dev.* 1998, 75(1-2):3-28.

Francis-West PH, Robson L, Evans DJ. Craniofacial development: the tissue and molecular interactions that control development of the head. *Adv Anat Embryol Cell Biol.* 2003, 169:III-VI, 1-138. Review.

Frebourg T, Oliveira C, Hochain P, Karam R, Manouvrier S, Graziadio C, Vekemans M, Hartmann A, Baert-Desurmont S, Alexandre C, Lejeune Dumoulin S, Marroni C, Martin C, Castedo S, Lovett M, Winston J, Machado JC, Attié T, Jabs EW, Cai J, Pellerin P, Triboulet JP, Scotte M, Le Pessot F, Hedouin A, Carneiro F, Blayau M, Seruca R. Cleft lip/palate and CDH1/E-cadherin mutations in families with hereditary diffuse gastric cancer. *J Med Genet*. 2006, 43(2):138-142.

Gaide O, Schneider P. (2003). Permanent correction of an inherited ectodermal dysplasia with recombinant EDA. *Nat Med*. 9:614-618.

Gallet A, Rodriguez R, Ruel L, Therond PP. Cholesterol modification of hedgehog is required for trafficking and movement, revealing an asymmetric cellular response to hedgehog. *Dev Cell*. 2003, 4(2):191-204.

Gato A, Martinez ML, Tudela C, Alonso I, Moro JA, Formoso MA, Ferguson MW, Martínez-Alvarez C. TGF-beta(3)-induced chondroitin sulphate proteoglycan mediates palatal shelf adhesion. *Dev Biol*. 2002, 250(2):393-405.

Gilbert SF. Developmental biology, 7th edition. 2003, Sunderland, MA: Sinauer Associates, Inc., Publisher.

Glucksmann A. Cell deaths in normal vertebrate ontogeny. *Biological Reviews*. 1951, 26:59-86.

Gorlin RJ, Cohen MMJ, Hennekam RCM. *Syndromes of the head and neck*. 2001. New York: Oxford University Press.

Green DR, Reed JC. Mitochondria and apoptosis. *Science*. 1998, 281

(5381):1309-1312.

Griffith CM, Hay ED. Epithelial-mesenchymal transformation during palatal fusion: carboxyfluorescein traces cells at light and electron microscopic levels. *Development.* 1992, 116(4):1087-1099.

Grishok A, Tabara H, Mello C C. Genetic requirements for inheritance of RNAi in C. elegans. *Science.* 2000, 287:2494-2497.

Grigoriou M, Tucker AS, Sharpe PT, Pachnis V. Expression and regulation of Lhx6 and Lhx7, a novel subfamily of LIM homeodomain encoding genes, suggests a role in mammalian head development. *Development.* 1998, 125(11):2063-2074.

Gritli-Linde A. Molecular control of secondary palate *development.* Dev Biol. 2007, 301(2):309-326. Epub 2006 Aug 5. Review.

Gritli-Linde A, Bei M, Maas R, Zhang XM, Linde A, McMahon AP. Shh signaling within the dental epithelium is necessary for cell proliferation, growth and polarization. *Development.* 2002, 129(23):5323-5337.

Gronthos S, Brahim J, Li W, Fisher LW, Cherman N, Boyde A, DenBesten P, Robey PG, Shi S. Stem cell properties of human dental pulp stem cells. *J Dent Res.* 2002, 81(8):531-535.

Gronthos S, Mankani M, Brahim J, Robey PG, Shi S. Postnatal human dental pulp stem cells (DPSCs) in vitro and in vivo. *Proc Natl Acad Sci U S A.* 2000, 97(25):13625-13630.

Grosschedl, R., Giese, K., Page, J. HMG domain proteins: Architectural elements in the assembly of neucleoprotein structures. *Trends Genet.* 1994, 6:348-356.

Gruneberg, H. Genes and genotypes affecting the teeth of the mouse. *J. Embryol. Exp. Morphol.* 1965, 14:137-159.

Gu S, Wei N, Yu X, Jiang Y, Fei J, Chen, Y. P. Mice with an anterior cleft of the palate survive neonatal lethality. *Dev. Dyn.* 2008, 237:1509-1516.

Gu Z, Reynolds EM, Song J, Lei H, Feijen A, Yu L, He W, MacLaughlin DT, van den Eijnden-van Raaij, J, Donahoe PK, Li, E. The type I serine/threonine kinase receptor ActRIA (ALK2) is required for gastrulation of the mouse embryo. *Development.* 1999, 126, 2551-2561.

Hall B. Developmental mechanisms underlying the atavisms. *Biol Rev.* 1984, 59:89-124.

Halford MM, Armes J, Buchert M, Meskenaite V, Grail D, Hibbs ML, Wilks AF, Farlie PG, Newgreen DF, Hovens CM, Stacker SA. Ryk-deficient mice exhibit craniofacial defects associated with perturbed Eph receptor crosstalk. *Nat Genet.* 2000, 25(4):414-418.

Hagiwara N, Katarova Z, Siracusa LD, Brilliant MH. Nonneuronal expression of the GABA(A) beta3 subunit gene is required for normal palate development in mice. *Dev Biol.* 2003, 254(1):93-101.

Harada H, Kettunen P, Jung HS, Mustonen T, Wang YA, Thesleff I. Localization of putative stem cells in dental epithelium and their association with Notch and FGF signaling. *J. Cell Biol.*

1999, 147:105-120.

Harada H, Toyono T, Toyoshima K, Yamasaki M, Itoh N, Kato S, Sekine K, Ohuchi H. FGF10 maintains stem cell compartment in developing mouse incisors. *Development.* 2002, 129:1533-1541.

Hardcastle Z, Mo R, Hui CC, Sharpe PT. The Shh signaling pathway in tooth development: defects in Gli2 and Gli3 mutants. *Development.* 1998, 125: 2803-2811.

Hashmi SS, Waller DK, Langlois P, Canfield M, Hecht JT. Prevalence of nonsyndromic oral clefts in Texas: 1995-1999. *Am J Med Genet* A. 2005, 134(4):368-372.

He F, Xiong W, Yu X, Espinoza-Lewis R, Liu C, Gu S, Nishita M, Suzuki K, Yamada G, Minami Y, Chen Y. Wnt5a regulates directional cell migration and cell proliferation via Ror2-mediated noncanonical pathway in mammalian palate development. *Development.* 2008, 135(23):3871-3879.

He F, Xiong W, Wang Y, Matsui M, Yu X, Chai Y, Klingensmith J, Chen YP. Modulation of BMP signaling by Noggin is required for the maintenance of palatal epithelial integrity during palatogenesis. *Dev. Biol.* 2010, 347(1):109-121.

Headon, DJ, Emmal SA, Ferguson BM, Tucker AS, Justice MJ, Sharpe PT, Zonana J, Overbeek PA. Gene defect in ectodermal dysplasia implicates a death domain adapter in development. *Nature.* 2001, 414:913-916.

Heikinheimo M, Lawshé A, Shackleford GM, Wilson DB, MacAr-

thur CA. Fgf-8 expression in the post-gastrulation mouse suggests roles in the development of the face, limbs and central nervous system. *Mech Dev.* 1994, 48(2):129-138.

Herr A, Meunier D, Müller I, Rump A, Fundele R, Ropers HH, Nuber UA. Expression of mouse Tbx22 supports its role in palatogenesis and glossogenesis. *Dev Dyn.* 2003, 226(4):579-586.

Hilliard SA, Yu L, Gu S, Zhang Z, Chen YP. Regional regulation of palatal growth and patterning along the anterior-posterior axis in mice. *J Anat.* 2005, 207(5):655-667.

Hogan BLM. Bone morphogenetic proteins: multifunctional regulators of vertebrate development. *Genes Dev.* 1996, 10:1580-1594.

Homanics GE, DeLorey TM, Firestone LL, Quinlan JJ, Handforth A, Harrison NL, Krasowski MD, Rick CE, Korpi ER, Mäkelä R, Brilliant MH, Hagiwara N, Ferguson C, Snyder K, Olsen RW. Mice devoid of gamma-aminobutyrate type A receptor beta3 subunit have epilepsy, cleft palate, and hypersensitive behavior. *Proc Natl Acad Sci* U S A. 1997, 94(8):4143-4148.

Hosoya A, Kim JY, Cho SW, Jung HS. BMP4 signaling regulates formation of Hertwig's epithelial root sheath during toot development. *Cell Tissue Res.* 2008, 333:503-509.

Hu B, Nadiri A, Kuchler-Bopp S, Perrin-Schmitt F, Peters H, Lesot H. Tissue engineering og tooth crown, root, and periodontium. *Tissue Eng.* 2006, 12:2069-2075.

Huang X, Xu X, Bringas P Jr, Hung YP, Chai Y. Smad-shh-Nfic signaling cascade-mediated epithelial-mesenchymal interaction is crucial in regulating tooth root development. *J. Bone Miner. Res.* 2010, 25: 1167-1178.

Humphrey T. The development of mouth opening and related reflexes involving the oral area of human fetuses. *Ala J Med Sci.* 1968, 5(2): 126-157.

Humphrey T. The relation between human fetal mouth opening reflexes and closure of the palate. *Am J Anat.* 1969, 125(3):317-344.

Irie K, Shimizu K, Sakisaka T, Ikeda W, Takai Y. Roles and modes of action of nectins in cell-cell adhesion. *Semin Cell Dev Biol.* 2004, 15(6):643-656.

Ito Y, Yeo JY, Chytil A, Han J, Bringas P Jr, Nakajima A, Shuler CF, Moses HL, Chai Y. Conditional inactivation of Tgfbr2 in cranial neural crest causes cleft palate and calvaria defects. *Development.* 2003, 130(21):5269-5280.

Jeong J, Mao J, Tenzen T, Kottmann AH, McMahon AP. Hedgehog signaling in the neural crest cells regulates the patterning and growth of facial primordia. *Genes Dev.* 2004,18(8):937-951.

Jernvall J. Linking development with generation of novelty in mammalian teeth. *Proc Natl Acad Sci USA.* 2000a, 97(6):2641-2645.

Jernvall J, Aberg T, Kettunen P, Keranen S, Thesleff I. The life history of an embryonic signaling center: BMP-4 induces p21 and is associated with apoptosis in the mouse tooth enamel knot. *Development.* 1998, 125(2):161-169.

Jernvall J, Kettunen P, Karavanova I, Martin LB, Thesleff I. Evidence for the role of the enamel knot as a control center in mammalian tooth cusp formation: non-dividing cells express growth stimulating Fgf-4 gene. *Int J Dev Biol.* 1994, 38(3):463-469.

Jernvall J, Thesleff I. Reiterative signaling and patterning during mammalian tooth morphogenesis. *Mech Dev.* 2000b, 92(1):19-29.

Jezewski PA, Vieira AR, Nishimura C, Ludwig B, Johnson M, O'Brien SE, Daack-Hirsch S, Schultz RE, Weber A, Nepomucena B, Romitti PA, Christensen K, Orioli IM, Castilla EE, Machida J, Natsume N, Murray JC. Complete sequencing shows a role for MSX1 in non-syndromic cleft lip and palate. *J Med Genet.* 2003, 40(6):399-407.

Jiang R, Lan Y, Chapman HD, Shawber C, Norton CR, Serreze DV, Weinmaster G, Gridley T. Defects in limb, craniofacial, and thymic development in Jagged2 mutant mice. *Genes Dev.* 1998, 12(7):1046-1057.

Jin JZ, Ding J. Analysis of cell migration, transdifferentiation and apoptosis during mouse secondary palate fusion. *Development.* 2006a, 133(17):3341-3347.

Johnson RL, Tabin C. The long and short hedgehog signaling. *Cell.* 1995, 81:313-316.

Johnston MC, Bronsky PT. Prenatal craniofacial development: new insights on normal and abnormal mechanisms. *Crit Rev Oral Biol Med.* 1995, 6(4):368-422.

Jones MC. Etiology of facial clefts: prospective evaluation of 428 patients. *Cleft Palate J.* 1988, 25(1):16-20.

Kaartinen V, Voncken JW, Shuler C, Warburton D, Bu D, Heisterkamp N, Groffen J. Abnormal lung development and cleft palate in mice lacking TGF-beta 3 indicates defects of epithelial-mesenchymal interaction. *Nat Genet.* 1995, 11(4):415-421.

Kaczynski J, Cook T, Urrutia R. Sp1- and Kruppel-like transcription factors. *Genome Biol.* 2003, 4(2):206.

Kangas AT, Evans AR, Thesleff I, Jernvall J. Non-independence of mammalian dental characters. *Dev Biol.* 2004, 268:185-194.

Kanno K, Suzuki Y, Yamada A, Aoki Y, Kure S, Matsubara Y. Association between nonsyndromic cleft lip with or without cleft palate and the glutamic acid decarboxylase 67 gene in the Japanese population. *Am J Med Genet A.* 2004, 127A(1):11-16.

Kawabata M, Imamura T, Miyazono K. Signal transduction by bone morphogenetic proteins. *Cytokine Growth Factor Rev.* 1998, 9:49-61.

Kawakami Y, Ishikawa T, Shimabara M, Tanda N, Enomoto-Iwamoto M, Iwamoto M, Kuwana T, Ueki A, Noji S, Nohno, T. BMP signaling during bone pattern determination in the developing limb. *Development.* 1996, 122:3557-3566.

Kassai Y, Munne P, Hotta Y, Penttila E, Kavanaghagh K, Ohbayashi N, Takada S, Thesleff I, Jernvall J, Itoh N. Regulation of mammalian tooth cusp patterning by ectodin. *Science.* 2005, 309:2067-2070.

Kato M, Patel MS, Levasseur R, Lobov I, Chang BH, Glass II DA, Hartmann C, Li, L, Hwang TH, Brayton CF, Lang RA, Karsenty G, Chan L. *Cbfa*1-indepen-dent decrease in osteoblast proliferation, osteopenia, and persistent embryonic eye vascularization in mice deficient in Lrp5, a Wnt coreceptor. *J Cell Biol.* 2002, 157:303-314.

Keränen SVE, Åberg T, Kettunen P' Thesleff I' Jernvall J. Association of developmental regulatory genes with the development of different molar tooth shapes in two species of rodents. *Dev. Genes. Evol.* 1998, 208:477-486.

Keranen SV, Kettunen P, Aberg T, Thesleff I, Jernvall J. Gene expression patterns associated with suppression of odontogenesis in mouse and vole diastema regions. *Dev Genes Evol.* 1999, 209(8):495-506.

Kere J, Srivastava AK, Montonen O, Zonana J, Thomas N, Ferguson B, Munoz F, Morgan D, Clarke A, Baybayan P. X-linked anhidrotic (hypohidrotic) ectodermal dysplasia is caused by mutation in a novel transmembrane protein. *Nat. Genet.* 1996, 13:409-416.

Kettunen P, Laurikkala J, Itäranta P, Vainio S, Itoh N, Thesleff I. Associations of FGF-3 and FGF-10 with signaling networks regulating tooth morphogenesis. *Dev. Dyn.* 2000, 219:322-332.

Kettunen P, Thesleff I. Expression and function of FGFs-4, -8, and -9 suggest functional redundancy and repetitive use as epithelial signals during tooth morphogenesis. *Dev Dyn.* 1998, Mar; 211(3):256-268.

Kishigami S, Mishina Y. BMP signaling and early embryonic patterning. *Cytokine Growth Factor Rev.* 2005, 16(3):265-278.

Klein OD, Minowada G, Peterkova R, Kangas A, Yu BD, Lesot H, Peterka M, Jernvall J, Martin GR. Sprouty genes control diastema tooth development via bidirectional antagonism of epithelial-mesenchymal FGF signaling. *Dev Cell.* 2006, 11:181-190.

Knudsen TB, Bulleit RF, Zimmerman EF. Histochemical localization of glycosamino glycans during morphogenesis of the secondary palate in mice. *Anat Embryol (Berl).* 1985, 173(1):137-142.

Koch WE. In vitro differentiation of tooth rudiments of embryonic mice. I. Transfilter interaction of embryonic incisor tissues. *J Exp Zool.* 1967, 165(2):155-170.

Koillinen H, Lahermo P, Rautio J, Hukki J, Peyrard-Janvid M, Kere J. A genome-wide scan of non-syndromic cleft palate only (CPO) in Finnish multiplex families. *J Med Genet.* 2005, 42(2):177-184.

Kojima T, Morikawa Y, Copeland NG, Gilbert DJ, Jenkins NA, Senba E, Kitamura T. TROY, a newly identi? ed member of the tumor necrosis factor receptor superfamily, exhibits a homology with Edar and is expressed in embryonic skin and hair follicles. *J Biol Chem.* 2000, 275:20742-20747.

Kollar EJ, Baird GR. The influence of the dental papilla on the development of tooth shape in embryonic mouse tooth germs. *J Embryol Exp Morphol.* 1969, 21(1):131-148.

Kollar EJ, Baird GR. Tissue interactions in embryonic mouse tooth germs. II. The inductive role of the dental papilla. *J Embryol Exp Morphol.* 1970, 24(1):173-186.

Komori T, Yagi H, Nomura S, Yamaguchi A, Sasaki K, Deguchi K, Shimizu Y, Bronson RT, Gao YH, Inada M, Sato M, Okamoto R, Kitamura Y, Yoshiki S, Kishimoto T. Targeted disruption of Cbfa1 results in a complete lack of bone formation owing to maturational arrest of osteoblasts. *Cell.* 1997, 89(5):755-764.

Koppinen P, Pispa J, Laurikkala J, Thesleff I, Mikkola ML. Signalling and subcellular localization of the TNF receptor Edar. *Exp Cell Res.* 2001, 269:180-192.

Koyama E, Wu C, Shimo T, Iwamoto M, Ohmori T, Kurisu K, Ookura T, Bashir MM, Abrams WR, Tucker T, Pacifici M. Development of stratum intermedium and its role as Sonic hedgehog-signaling structure during odontogenesis. *Dev Dyn.* 2001, 222(2):178-191.

Koyama E, Yamaai T, Iseki S, Ohuchi H, Nohno T. Polarizingactivity, Sonic hedgehog, and tooth development in embryonic and postnatal mouse. *Dev. Dyn.* 1996, 206:59-72.

Kratochwil K, Dull M, Farinas I, Galceran J, Grosschedl R. Lef1 expression is activated by BMP-4 and regulates inductive tissue interactions in tooth and hair development. *Genes Dev.* 1996, 10(11):1382-1394.

Kratochwil K, Galceran J, Tontsch S, Roth W, Grosschedl R. FGF4, a direct target of LEF1 and Wnt signaling, can rescue the arrest of tooth organogenesis in Lef1-/- mice. *Genes & Development.* 2002, 16:3173-3185.

Kumar A, Michael T Eby, Suwan Sinha, Alan Jasmin, and Chaudhary PM. The Ectodermal Dysplasia Receptor Activates the Nuclear Factor-kB, JNK, and Cell Death Pathways and Binds to Ectodysplasin A. *J. Biol. Chem.* 2001, 276 (4):2668-2677.

Lan Y, Ovitt CE, Cho ES, Maltby KM, Wang Q, Jiang R. Odd-skipped related 2 (Osr2) encodes a key intrinsic regulator of secondary palate growth and morphogenesis. *Development.* 2004, 131(13):3207-3216.

Laurikkala J, Mikkola M, Mustonen T, Aberg T, Koppinen P, Pispa J, Nieminen P, Galceran J, Grosschedl R, Thesleff I. TNF signaling via the ligandreceptor pair ctodysplasin and edar controls the function of epithelial signaling centers and is regulated by Wnt and activin during tooth organogenesis. *Dev Biol.* 2001, 229:443-455.

Levi G, Mantero S, Barbieri O, Cantatore D, Paleari L, Beverdam A, Genova F, Robert B'Merlo G. R. Msx1 and Dlx5 act independent in development of craniofacial skeleton, but converge on the regulation of Bmp signaling in palate formation. *Mech. Dev.* 2006, 123:3-16.

Li L, Lin M, Wang Y, Cserjesi P, Chen Z, Chen Y. BmprIa is required in mesenchymal tissue and has limited redundant function with BmprIb in tooth and palate development. *Dev Biol.* 2011, 349(2):451-461.

Lidral AC, Romitti PA, Basart AM, Doetschman T, Leysens NJ, Daack-Hirsch S, Semina EV, Johnson LR, Machida J, Burds A, Parnell TJ, Rubenstein JL, Murray JC. Association of MSX1 and TGFB3 with nonsyndromic clefting in humans. *Am J Hum Genet.* 1998, 63(2):557-568.

Lin CR, Kioussi C, O'Connell S, Briata P, Szeto D, Liu F, Izpi-

sua-Belmonte JC, Rosenfeld MG. Pitx2 regulates lung asymmetry, cardiac positioning and pituitary and tooth morphogenesis. *Nature.* 1999, 401(6750):279-282.

Lin D, Huang Y, He F, Gu S, Zhang G, Chen YP, Zhang Y. Expression survey of genes critical for tooth development in the human embryonic tooth germ. *Dev Dyn.* 2007, 236:1307-1312.

Liu P, Wakamiya M, Shea MJ, Albrecht U, Behringer RR'Bradley A. Requirement for Wnt3 in vertebrate axis formation. *Nat. Genet.* 1999, 22:361-365.

Liu W, Selever J, Lu M-F'Martin JF. Genetic dissection of Pitx2 in craniofacial development uncovers new functions in branchial arch morphogenesis, late aspects of tooth morphogenesis and cell migration. *Development.* 2003, 130:6375-6385.

Liu W, Lan Y, Pauws E, Meester-Smoor MA, Stanier P, Zwarthoff EC, Jiang R. The Mn1 transcription factor acts upstream of Tbx22 and preferentially regulates posterior palate growth in mice. *Development.* 2008, 135(23):3959-3968.

Liu W, Sun X, Braut A, Mishina Y, Behringer RR, Mina M, Martin JF. Distinct functions for Bmp signaling in lip and palate fusion in mice. *Development.* 2005, 132(6):1453-1461.

Liu W, Wang H, Zhao S, Zhao W, Bai S, Zhao Y, Xu S, Wu C, Huang W, Chen Z, Feng G, He L. The novel gene locus for agenesis of permanent teeth (He- Zhao deficiency) maps to chromosome 10q11. 2. *J Dent Res.* 2001, 80:1716-1720.

Lu H, Jin Y, Tipoe GL. Alteration in the expression of bone morphogenetic protein-2,3,4,5 mRNA during pathogenesis of cleft palate in BALB/c mice. *Arch. Oral Biol.* 2000, 45, 133-140.

Lu MF, Pressman C, Dyer R, Johnson RL, Martin JF. Function of Rieger syndrome gene in left-right asymmetry and craniofacial development. *Nature.* 1999, 401:276-278.

Lumsden AG. Spatial organization of the epithelium and the role of neural crest cells in the initiation of the mammalian tooth germ. *Development.* 1988, 103 Suppl:155-169.

Ma Y, Erkner A, Gong R, Yao S, Taipale J, Basler K'Beachy PA. Hedgehog-Mediated patterning of the mammalian embryo requires transporter-like function of Dispatched. *Cell.* 2002, 111:63-75.

Mansour SL, Goddard JM'Capecchi MR. Mice homozygous for a targeted disruption of the proto-oncogene int-2 have developmental defects in the tail and inner ear. *Development.* 1993, 117:13-28.

Marin M, Karism A, Visser P, Grosveld F, Philipsen S. Transcription factor Sp1 is essential for early embryonic development but dispensable for cell growth and differentiation. *Cell.* 1997, 89:619-628.

Martínez-Alvarez C, Tudela C, Pérez-Miguelsanz J, O'Kane S, Puerta J, Ferguson MW. Medial edge epithelial cell fate during palatal fusion. *Dev Biol.* 2000, 220(2):343-357.

Massagué, J. TGFß signaling: Receptors, transducers, and Mad proteins. *Cell.* 1996, 85:127-138.

Matzuk MM, Lu N, Vogel H, Sellheyer K, Roop DR, Bradley A. Multiple defects and perinatal death in mice deficient in follistatin. *Nature.* 1995b, 374:360-363.

McMahon AP, Ingham PW, Tabin CJ. Developmental roles and clinical significance of hedgehog signaling. *Curr Top Dev Biol.* 2003, 53:1-114. Review.

Meyers EN, Lewandoski M, Martin GR. An Fgf8 mutant allelic series generated by Cre-and Flp-mediated recombination. *Nat Genet.* 1998, 18:136-141.

Meester-Smoor MA, Vermeij M, van Helmond MJ, Molijn AC, van Wely KH, Hekman AC, Vermey-Keers C, Riegman PH, Zwarthoff EC. Targeted disruption of the Mn1 oncogene results in severe defects in development of membranous bones of the cranial skeleton. *Mol Cell Biol.* 2005, 25(10):4229-4236.

Miettinen PJ, Chin JR, Shum L, Slavkin HC, Shuler CF, Derynck R, Werb Z. Epidermal growth factor receptor function is necessary for normal craniofacial development and palate closure. *Nat Genet.* 1999, 22(1):69-73.

Miller RP, Becker BA. Teratogenicity of oral diazepam and diphenylhydantoin in mice. *Toxicol Appl Pharmacol.* 1975, 32(1):53-61.

Millar SE, Koyama E, Reddy ST, Andl T, Gaddapara T, Piddington R, Gibson CW. Over- and ectopic expression of Wnt3 causes progressive loss of ameloblasts in postnatal mouse incisor teeth. *Connect Tissue Res.* 2003, 44 Suppl 1:124-129.

Min H, Danilenko, DM, Scully, SA, Bolon B, Ring BD, Tarpley JE, DeRose M, Simonet WS. Fgf-10 is required for both limb and lung development and exhibits striking functional similarity to Drosophila branchless. *Genes Dev.* 1998, 12:3156-3161.

Mishina Y, Crombie R, Bradley A, Behringer, RR. Multiple roles for activin-like kinase-2 signaling during mouse embryogenesis. *Dev. Biol.* 1999, 213:314-326.

Mishina Y, Suzuki A, Ueno N, Behringer RR. Bmpr encodes a type I bone morphogenetic protein receptor that is essential for gastrulation during mouse embryogenesis. *Genes Dev.* 1995, 9:3027-3037.

Mitsiadis TA, Angeli I, James C, Lendahl U, Sharpe PT. Role of Islet1 in the patterning of murine dentition. *Development.* 2003b, 130 (18):4451-4460.

Mitsiadis TA, Cheraud Y, Sharpe P, Fontaine-Perus J. Development of teeth in chick embryos after mouse neural crest transplantations. *Proc Natl Acad Sci U S A.* 2003a, 100(11):6541-6545.

Mitts TF, Garrett WS, Hurwits DJ. Cleft of the hard palate with soft palate integrity. *Cleft Palate J.* 1981, 18:204-206.

Monreal AW, Ferguson BM, Headon DJ, Street SL, Overbeek PA, Zonana J. Mutations in the human homolog of the mouse dl cause autosomal recessive and dominant hypohidrotic ectodermal dysplasia. *Nat. Genet.* 1999, 22:366-369.

Morikawa Y, Cserjesi P. Cardiac neural crest expression of Hand2 regulates outflow and second heart field development. Circ. Res. 2008,

103:1422-1429.

Morikawa Y, Zehir A, Maska E, Deng C, Schneider M, Mishina Y, Cserjesi P. BMP signaling regulates sympathetic nervous system development through Smad-dependent and -independent pathways. *Development.* 2009, 136:3575-3584.

Mucchielli ML, Mitsiadis TA, Raffo S, Brunet JF, Proust JP, Goridis C. Mouse Otlx2/RIEG expression in the odontogenic epithelium precedes tooth initiation and requires mesenchyme-derived signals for its maintenance. *Dev Biol.* 1997, 189: 275-284.

Mundlos S, Otto F, Mundlos C, Mulliken JB, Aylsworth AS, Albright S, Lindhout D, Cole WG, Henn W, Knoll JH, Owen MJ, Mertelsmann R, Zabel BU, Olsen BR. Mutations involving the transcription factor CBFA1 cause cleidocranial dysplasia. *Cell.* 1997, 89(5):773-779.

Mustonen T, Ilmonen M, Pummila M, Kangas AT, Laurikkala J, Jaatinen R, Pispa J, Gaide O, Schneider P, Thesleff I, Mikkola ML. Ectodysplasin A1 promotes placodal cell fate during early morphogenesis of ectodermal appendages. *Development.* 2004, 131(20):4907-4919.

Murray JC, Schutte BC. Cleft palate: players, pathways, and pursuits. J Clin Invest. 2004, 113(12):1676-1678.

Mustonen T, Pispa J, Mikkola ML, Pummila M, Kangas AT, Pakkasjarvi L, Jaatinen R, Thesleff I. Stimulation of ectodermal organ development by Ectodysplasin-A1. *Dev Biol.* 2003, 259:123-136.

Naito A, Yoshida H, Nishioka E, Satoh M, Azuma S, Yamamoto

T, Nishikawa S, Inoue J. TRAF6-defficient mice display hypohidrotic ectodermal dysplasia. *Proc Natl Acad Sci U S A.* 2002, 99:8766-8771.

Nakashima K, Zhou X, Kunkel G, Zhang Z, Deng JM, Behringer RR, de Crombrugghe B. The novel zinc finger-containing transcription factor osterix is required for osteoblast differentiation and bone formation. Cell. 2002, 108:17-29.

Nakamura T, Unda F, de-Vega S, Vilaxa A, Fukumoto A, Yamada KM, Yamada Y. The Krüppel-like factor epiprofin is expressed by epithelium of developing teeth, hair follicles, and limb buds and promotes cell proliferation. *J. Bio. Chem.* 2004, 279(1):626-634.

Nakamura T, Takio K, Eto Y, Shibai H, Titani K, Sugino H. Activin-binding protein from rat ovary is follistatin. *Science.* 1990, 247: 836-838.

Nakatomi M, Wang XP, Key D, Lund JJ, Turbe-Doan A, Kist R, Aw A, Chen YP, Maas R, Peters, H. Genetic interactions between Pax9 and Msx1 regulate lip development and several stages of tooth morphogenesis. *Dev Biol.* 2010, 340:438-449.

Neubuser A, Peters H, Balling R, Martin GR. Antagonistic interactions between FGF and BMP signaling pathways: a mechanism for positioning the sites of tooth formation. *Cell.* 1997, 90(2):247-255.

Nie X, Luukko K, Kettunen P. BMP signalling in craniofacial development. *Int J Dev Biol.* 2006, 50(6):511-521.

Nohe A, Keating E, Knaus P, Petersen NO. Signal transduction of bone morphogenetic protein receptors. *Cell Signal.* 2004, 16:291-299.

Ogawa T, Kapadia H, Feng JQ, Raghow R, Peters H, D'Souza RN. Functional consequences of interactions between Pax9 and Msx1 genes in normal and abnormal tooth development. *J. Biol. Chem.* 2006, 281:18363-18369.

Ohazama A, Courtney JM, Sharpe PT. Expression of TNF-receptor-associated factor genes in murine tooth development. *Gene Expr Patterns.* 2003, 3:127-129.

Ohazama A, Courtney JM, Sharpe PT. Opg, Rank and Rankl in Tooth Development: Co-ordination of Odontogenesis and Osteogenesis. *J Dent Res.* 2004a, 83:241-244.

Ohazama A, Courtney JM, Tucker AS, Naito A, Tanaka S, Inoue J, Sharpe PT. *Traf6* is essential for murine tooth cusp morphogenesis. *Dev Dyn.* 2004b, 229:131-135.

Ohazama A, Hu Y, Schmidt-Ullrich R, Cao YX, Scheidereit C, Karin M, Sharpe PT. A Dual Role for Ikka in Tooth Development. *Dev Cell.* 2004c, 6:219-227.

Ohazama A, Modino SA, Miletich I, Sharpe PT. Stem-cell-based tissue engineering of murine teeth. *J Dent Res.* 2004d, 83(7):518-522.

Ohazama A, Haycraft CJ, Seppala M, Blackburn J, Ghafoor S, Cobourne M, martinelli DC, Fan CM, Peterkova R, Lesot H, Yoder BK, Sharpe PT. Primary cilia regulate Shh activity in the control of molar tooth number. *Development.* 2009, 136:897-903.

Ohshima H, Maeda T, Satokata I, Maas R. Functional significance of Msx2 gene during tooth development. 2002. In: Proceedings of the International Conference on the Dentin Pulp Complex 2001. *Chicago*: *Quintessence*, pp. 11-14.

Okano J, Suzuki S, Shiota K. Regional heterogeneity in the developing palate: morphological and molecular evidence for normal and abnormal palatogenesis. *Congenit Anom* (Kyoto). 2006, 46(2):49-54.

Ozeki H, Kurihara Y, Tonami K, Watatani K, Kurihara H. Endothelin-1 regulates the dorsoventral branchial arch patterning in mice. *Mech. Dev.* 2004, 121:387-395.

Palmer RM, Lumsden AG. Development of periodontal ligament and alveolar bone in homografted recombinations of enamel organs and papillary, pulpal and follicular mesenchyme in the mouse. *Arch Oral Biol.* 1987, 32(4):281.

Pavlova A, Boutin E, Cunha G, Sassoon D. Msx1 (Hox-7.1) in the adult mouse uterus: cellular interactions underlying regulation of expression. *Development.* 1994, 120: 335-345.

Peterkova R. The common developmental origin and phylogenetic aspects of teeth, rugae palatinae, and fornix vestibuli oris in the mouse. *J Craniofac Genet Dev Biol.* 1985, 5: 89-104.

Peterkova R, Peterka M, Vonesch JL, Ruch JV. Multiple developmental origin of the upper incisor in mouse: histological and computer assisted 3-D-reconstruction studies. *Int J Dev Biol.* 1993, 37:581-588.

Peterkova R, Peterka M, Vonesch JL, Ruch JV. Contribution of 3-D computer assisted reconstructions to the initial steps of mouse odontogenesis. *Int J Dev Biol.* 1995, 39:239-247.

Peterkova R, Lesot H., Vonesch JL, Peterka M, Ruch JV. Mouse molar morphogenesis revisited by three dimensional reconstruction: I) analysis of initial stages of the first upper molar development revealed two transient buds. *Int J Dev Biol.* 1996, 40:1009-1016.

Peterkova R, Peterka M, Viriot L, Lesot H. Dentition development and budding morphogenesis. *J Craniofac Genet Dev Biol.* 2000, 20:158-172.

Peterkova R, Peterka M, Lesot H. The developing mouse dentition: a new tool for apoptosis study. *Ann NY Acad Sci.* 2003, 1010: 453-466.

Peterkova R, Lesot H, Viriot L, Peterka M. The supernumerary cheek tooth in tabby/EDA mice a reminiscence of the premolar in mouse ancestors. *Arch Oral Biol.* 2005, 50: 219-225.

Peterkova R, Lesot H, Peterka M. Phylogenetic memory of developing mammalian dentition. *J Exp Zool (Mol Dev Evol).* 2006, 306B: 234-250.

Peterkova R, Churava S, Lesot H, Rothova M, Prochazka J, Peterka M, Klein OD. Revitalization of a diastemal tooth primordium in Spry2 null mice results from increased proliferation and decreased apoptosis. *J Exp Zool (Mol Dev Evol).* 2009, 312B:292-308.

Peters H, Balling R. Teeth: where and how to make them. *Trends Genet.* 1999, 15:59-65. (Review).

Peters H, Neubuser A, Kratochwil K, Balling R. Pax9-deficient mice lack pharyngeal pouch derivatives and teeth and exhibit craniofacial and limb abnormalities. *Genes Dev.* 1998, 12(17):2735-2747.

Pispa J, Jung HS, Jernvall J, Kettunen P, Mustonen T, Tabata MJ, Kere J, Thesleff I. Cusp patterning defect in Tabby mouse teeth and its partial rescue by FGF. *Dev Biol.* 1999, 216(2):521-534.

Pispa J, Mikkola ML, Mustonen T, Thesleff I. Ectodysplasin, Edar and TNFRSF19 are expressed in complementary and overlapping patterns during mouse embryogenesis. *Gene Expr Patterns.* 2003, 3:675-679.

Prochazka J, Pantalacci S, Churava S, Rothova M, Lambert A, Lesot H, Klein O, Peterka M, Laudet V, Peterkava R. Patterning by heritage in mouse molar row development. *Proc Natl Acad Sci USA.* 2010, 107:15497-15502.

Proetzel G, Pawlowski SA, Wiles MV, Yin M, Boivin GP, Howles PN, Ding J, Ferguson MW, Doetschman T. Transforming growth factor-beta 3 is required for secondary palate fusion. *Nat Genet.* 1995, 11(4):409-414.

Rice R, Connor E, Rice DP. Expression patterns of Hedgehog signalling pathway members during mouse palate development. *Gene Expr Patterns.* 2006, 6(2):206-212.

Rice R, Spencer-Dene B, Connor EC, Gritli-Linde A, McMahon AP, Dickson C, Thesleff I, Rice DP. Disruption of Fgf10/Fgfr2b-coordinated epithelial-mesenchymal interactions causes cleft palate. *J Clin Invest.* 2004, 113(12):1692-1700.

Richardson RJ, Dixon J, Malhotra S, Hardman MJ, Knowles L, Boot-Handford RP, Shore P, Whitmarsh A, Dixon MJ. Irf6 is a key determinant of the keratinocyte proliferation-differentiation switch. *Nat Genet.* 2006, 38(11):1329-1334.

Riethmacher D, Brinkmann V, Birchmeier C. A targeted mutation in the mouse E-cadherin gene results in defective preimplantation development. *Proc Natl Acad Sci U S A.* 1995, 92(3):855-859.

Satokata I, Maas R. Msx-1 deficient mice exhibit cleft palate and abnormalities of craniofacial and tooth development. *Nat Genet.* 1994, 6: 348-356.

Satokata I, Ma L, Ohshima H, Bei M, Woo I, Nishizawa K, Maeda T, Takano Y, Uchiyama M, Heaney S, Peters H, Tang Z, Maxson R, Maas R. Msx-2 deficiency in mice causes pleiotropic defects in bone growth and ectodermal organ formation. *Nat. Genet.* 2000, 21:138-141.

Sarkar L, Sharpe PT. Inhibition of Wnt signaling by exogenous Mfrzb1 protein affects molar tooth size. *J Dent Res.* 1999b, 79:920-925.

Sarkar L, Sharpe PT. Expression of Wnt signaling pathway genes during tooth development. *Mech Dev.* 1999a,85:197-200.

Sarkar L, Cobourne M, Naylor S, Smalley M, Dale T, Sharpe PT. Wnt/Shh interactions regulate ectodermal boundary formation during mammalian tooth development. *Proc Natl Acad Sci U S A.* 2000, 97 (9):4520-4524.

Schmidt-Ullrich R, Aebischer T, Hulsken J, Birchmeier W, Kl-

emm U, Scheidereit C. Requirement of NF-kappaB/Rel for the development of hair follicles and other epidermal appendices. *Development.* 2001, 128:3843-3853.

Schupbach P. M. Experimental induction of an incomplete hard-palate cleft in the rat. *Oral Surg. Oral Med. Oral Pathol.* 1983, 55, 2-9.

Semina EV, Reiter R, Leysens NJ, Alward WL, Small KW, Datson NA, Siegel-Bartelt J, Bierke-Nelson D, Bitoun P, Zabel BU, Carey JC, Murray JC. Cloning and characterization of a novel bicoid-related homeobox transcription factor gene, RIEG, involved in Rieger syndrome. *Nat. Genet.* 1996, 14:392-399.

Sekine K, Ohuchi H, Fujiwara M, Yamasaki M, Yoshizawa T, Sato T, Yagishita N, Matsui D, Koga Y, Ito N, Kato S. *Fgf*10 is essential for limb and lung formation. *Nat. Genet.* 1999, 21:138-141.

Sharpe PT. Homeobox genes and orofacial development. *Connect Tissue Res.* 1995, 32(1-4):17-25.

Sieber C, Kopf J, Hiepen C, Knaus P. Recent advances in BMP receptor signaling. *Cytokine Growth Factor Rev.* 2009, 20, 343-355.

Smiley GR, Koch WE. A comparison of secondary palate development with different in vitro techniques. *Anat Rec.* 1975, 181(4):711-723.

Sofaer JA: Aspects of the tabby-crinkled-downless syndrome I. The development of tabby teeth. *J Embryol Exp Morphol.* 1969, 22:181-205.

Sofaer JA. Short communication: The teeth of the 'Sleek' mouse. *Arch Oral Biol.* 1977, 22:299-301.

Soriano P. Generalized lacZ expression with the ROSA26 Cre reporter strain. *Nat Genet.* 1999, 21(1):70-71.

Srivastava AK, Pispa J, Hartung AJ, Du Y, Ezer S, Jenks T, Shimada T, Pekkanen M, Mikkola ML, Ko MS, Thesleff I, Kere J, Schlessinger D. The tabby phenotype is caused by mutations in a mouse homologue of the EDA gene that reveals novel mouse and human exons and encodes a protein (ectodysplasin-A) with collagenous domains. *Proc. Natl. Acad. Sci. U. S. A.* 1997, 94:13069-13074.

St Amand TR, Ra J, Zhang Y, Hu Y, Baber SI, Qiu M, and Chen Y. Cloning and expression pattern of chicken Pitx2: a new component in the SHH signaling pathway controlling embryonic heart looping. Biochem Biophys Res Commun. 1998, 247(1):100-105.

St Amand TR, Zhang Y, Semina EV, Zhao X, Hu Y, Nguyen L, Murray JC, Chen Y. Antagonistic signals between BMP4 and FGF8 define the expression of Pitx1 and Pitx2 in mouse tooth-forming anlage. *Dev Biol.* 2000, 217(2):323-332.

Steele-Perkins G, Butz KG, Lyons GE, Zeichner-David M, Kim HJ, Cho MI, Gronostajski RM. Essential Role for NFI-C/CTF. Transcription-Replication Factor in Tooth Root Development. *Molecular and cellular biology.* 2003, 23(3):1075-1084.

Stottmann RW, Choi M, Mishina Y, Meyers EN, Klingensmith J. BMP receptor IA is required in mammalian neural crest cells for development of the cardiac outflow tract and ventricular myocardium. *Development.* 2004, 131, 2205-2218.

Supp DM, Witte DP, Branford WW, Smith EP, Potter SS. Sp4, a member of the Sp1-family of zinc finger transcription factors, is required for normal murine growth, viability, and male fertility. *Dev Biol.* 1996, 176:284-299.

Suzuki K, Hu D, Bustos T, Zlotogora J, Richieri-Costa A, Helms JA, Spritz RA. Mutations of PVRL1, encoding a cell-cell adhesion molecule/herpesvirus receptor, in cleft lip/palate-ectodermal dysplasia. *Nat Genet.* 2000, 25(4):427-430.

Suzuki H, Watkins DN, Jair KW, Schuebel KE, Markowitz SD, Dong Chen W, Pretlow TP, Yang B, Akiyama Y, Van Engeland M, Toyota M, Tokino T, Hinoda Y, Imai K, Herman JG, Baylin SB. Epigenetic inactivation of SFRP genes allows constitutive WNT signaling in colorectal cancer. *Nat Genet.* 2004, 36(4):417-422.

Tachibana K, Nakanishi H, Mandai K, Ozaki K, Ikeda W, Yamamoto Y, Nagafuchi A, Tsukita S, Takai Y. Two cell adhesion molecules, nectin and cadherin, interact through their cytoplasmic domain-associated proteins. *J Cell Biol.* 2000, 150(5):1161-1176.

Takigawa T, Shiota K. Terminal differentiation of palatal medial edge epithelial cells in vitro is not necessarily dependent on palatal shelf contact and midline epithelial seam formation. *Int J Dev Biol.* 2004, 48(4):307-317.

Takahara S, Takigawa T, Shiota K. Programmed cell death is not a necessary prerequisite for fusion of the fetal mouse palate. *Int J Dev Biol.* 2004, 48(1):39-46.

Taniguchi K, Sato N, Uchiyama Y. Apoptosis and heterophagy of medial edge epithelial cells of the secondary palatine shelves during fusion. *Arch Histol Cytol.* 1995, 58(2):191-203.

Taya Y, O'Kane S, Ferguson MW. Pathogenesis of cleft palate in TGF-beta3 knockout mice. *Development.* 1999, 126(17):3869-3879.

Ten Cate AR. The role of epithelium in the development, structure and function of the tissues of tooth support. *Oral Dis.* 1996, 2:55-62.

ten Dijke P, Yamashita H, Sampath TK, Reddi AH, Estevez M, Riddle DL, Ichijo H, Heldin CH, Miyazono K. Identification of type I receptors for osteogenic protein-1 and bone morphogenetic protein-4. *J Biol Chem.* 1994, 269(25):16985-16988.

Teo W, Chen H, Poon T, Ganss B. Developmental expression pattern and DNA-binding properties of the zinc finger transcription factor Krox-26. *Connect Tissue Res.* 2003, 44 Suppl 1:161-166.

Thesleff I, Mikkola M. The role of growth factors in tooth development. *Int Rev Cytol.* 2002, 217:93-135.

Thesleff I, Pispa J. The teeth as models for studies on the molecular basis of the development and evolution of organs. In "Molecular Basis of Epithelial Appendage Morphogenesis" Ed. C.-M. Chuong. R. G. Landes, Austin, TX, 1998:157-179.

Thomas BL, Tucker AS, Qui M, Ferguson CA, Hardcastle Z, Rubenstein JL, Sharpe PT. Role of *Dlx-1* and *Dlx-2* genes in patterning of the murine dentition. *Development.* 1997, 124(23):4811-4818.

Thomas HF. Root formation. *Int J Dev Biol.* 1995a, 39:231-237.

Tian H, Toyoaki Tenzen T, McMahon AP. Dose dependency of Disp1and genetic interaction between *Disp1* and other hedgehog signaling components in the mouse. *Development.* 2004, 131:4021-4033.

Tissier-Seta JP, Mucchielli ML, Mark M, Mattei MG, Goridis C, Brunet JF. Barx1, a new mouse homeodomain transcription factor expressed in cranio-facial ectomesenchyme and the stomach. *Mech Dev.* 1995, 51(1):3-15.

Tummers M, Thesleff I. Root or crown: a developmental choice orchestrated by the differential regulation of the epithelial stem cell niche in the tooth of two rodent species. *Development.* 2003, 130(6):1049-1057.

Tummers M, Thesleff I. The importance of signal pathway modulation in all aspects of tooth development. *J Exp Zool (Mol Dev Evol).* 2009, 312B:309-319.

Trumpp A, Depew MJ, Rubenstein JL, Bishop JM, Martin GR. Cre-mediated gene inactivation demonstrates that FGF8 is required for cell survival and patterning of the first branchial arch. *Genes Dev.* 1999, 13(23):3136-3148.

Tucker AS, Headon DJ, Courtney JM, Overbeek P, Sharpe PT. The activation level of the TNF family receptor, Edar, determines cusp number and tooth number during tooth development. *Dev Biol.* 2004, 268:185-194.

Tucker AS, Headon DJ, Schneider P, Ferguson BM, Overbeek P, Tschopp J, Sharpe PT. Edar/Eda interactions regulate enamel knot formation in tooth morphogenesis. *Development.* 2000, 127:4691-4700.

Tucker AS, Matthews KL, Sharpe PT. Transformation of tooth type induced by inhibition of BMP signaling. *Science.* 1998, 282(5391): 1136-1138.

Tudela C, Formoso MA, Martínez T, Pérez R, Aparicio M, Maestro C, Del Río A, Martínez E, Ferguson M, Martínez-Alvarez C. TGF-beta3 is required for the adhesion and intercalation of medial edge epithelial cells during palate fusion. *Int J Dev Biol.* 2002, 46(3): 333-336.

Tureckova J, Sahlberg C, Aberg T, Ruch JV, Thesleff I, Peterkova R. Comparison of expression of the msx-1, msx-2, BMP-2 and BMP-4 genes in the mouse upper diastemal and molar tooth primordia. *Int J Dev Biol.* 1995, 39(3):459-468.

Tureckova J, Lesot H, Vonesch JL, Peterka M, Peterkova R, Ruch JV. Apoptosis is involved in the disappearance of the diastemal dental primordia in mouse embryo. *Int J Dev Biol.* 1996, 40:483-489.

Ulloa L, Doody J, Massagué J. Inhibition of transforming growth factor beta/ SMAD signalling by the interferon-gamma/STAT pathway. *Nature.* 1999, 397(6721):710-713.

Vaahtokari A, Aberg T, Thesleff I. Apoptosis in the developing tooth: association with an embryonic signaling center and suppression by EGF and FGF-4. *Development.* 1996b, 122(1):121-129.

Vaahtokari A, Aberg T, Jernvall J, Keranen S, Thesleff I. The enamel knot as a signaling center in the developing mouse tooth. *Mech Dev.* 1996a,54(1):39-43.

Vainio S, Karavanova I, Jowett A, Thesleff I. Identification of BMP-4 as a signal mediating secondary induction between epithelial and mesenchymal tissues during early tooth development. *Cell.* 1993, 75(1):45-58.

Van Genderen C, Okamura R, Farinas I, Uqo RG, Parslow TG, Bruhn L, Grosschedl R. Development of several organs that require inductive epithelial-mesenchymal interactions is impaired in LEF-1 deficient mice. *Genes Dev.* 1994, 8:2691-2703.

Varju P, Katarova Z, Madarúsz E, Szabó G. GABA signalling during development: new data and old questions. *Cell Tissue Res.* 2001, 305(2):239-246. Review.

Vieira AR, Avila JR, Daack-Hirsch S, Dragan E, Félix TM, Rahimov F, Harrington J, Schultz RR, Watanabe Y, Johnson M, Fang J, O'Brien SE, Orioli IM, Castilla EE, Fitzpatrick DR, Jiang R, Marazita ML, Murray JC. Medical sequencing of candidate genes for nonsyndromic cleft lip and palate. *PLoS Genet.* 2005, 1(6):e64.

Viriot L, Lesot H, Vonesch JL, Ruch JV, Peterka M, Peterkova R. The presence of rudimentary odontogenic structures in the mouse embryonic mandible requires reinterpretation of developmental control of first lower molar histomorphogenesis. *Int J Dev Biol.* 2000, 44:233-240.

Viriot L, Peterkova R, Peterka M, Lesot H. Evolutionary implications of the occurrence of two vestigial tooth germs during early odontogenesis in the mouse lower jaw. *Connect Tissue Res.* 2002, 43:129-133.

Vaziri Sani F, Hallberg K, Harfe BD, McMahon AP, Linde A, Gritli-Linde A. Fate-mapping of the epithelial seam during palatal fusion rules out epithelial-mesenchymal transformation. 2005, *Dev Biol.* 285(2):490-495.

Wallis D E, Muenke M. Molecular mechanisms of holoprosencephaly. *Mol. Genet. Metab.* 1999, 68:126-138.

Wolsan M. The origin of extra teeth in mammals. *Acta Theriol.* 1984a, 29:128-133.

Wolsan M. Concerning the variation in the number, shape and size of incisors in fissiped carnivores. *Acta Zool Cracov.* 1984b, 27:107-120.

Wang B, Li L, Du S, Liu C, Lin X, Chen YP, Zhang Y. Induction of human keratinocytes into enamel-secreting ameloblasts. *Dev Biol.* 2010, 344:795-799.

Wang XP, Suomalainen M, Jorgez CJ, Matzuk MM, Wankell M, Werner S, Thesleff I. Modulation of activin/bone morphogenetic protein signaling by follistatin is required for the morphogenesis of mouse molar teeth. *Dev Dyn.* 2004, 231(1):98-108.

Wee EL, Zimmerman EF. Involvement of GABA in palate morphogenesis and its relation to diazepam teratogenesis in two mouse strains. *Teratology.* 1983, 28(1):15-22.

Whitman M. Smads and early developmental signaling by the TGF? superfamily. *Genes Dev.* 1998, 12:2445-2462.

Witter K, Lesot H, Peterka M, Vonesch JL, Misek I, Peterkova

R. Origin and developmental fate of vestigial toothn primordia in the upper diastema of the field vole (Microtus agrestis, Rodentia). *Arch Oral Biol.* 2005, 50:401-409.

Wozney JM, Rosen V, Celeste AJ, Mitsok LM, Whitters MJ, Kris RW, Hewick RM, Wang EA. Novel regulators of bone formation: Molecular clones and activities. *Science.* 1988, 242:1528-1534.

Wragg LE, Smith JA, Borden CS. Myoneural maturation and function of the foetal rat tongue at the time of secondary palate closure. *Arch Oral Biol.* 1972, 17(4):673-682.

Xiong W, He F, Morikawa Y, Yu X, Zhang Z, Lan Y, Jiang R, Cserjesi P, Chen Y P. Hand2 is required in the epithelium for palatogenesis in mice. *Dev. Biol.* 2009, 330:131-141.

Xu X, Han J, Ito Y, Bringas P Jr, Urata MM, Chai Y. Cell autonomous requirement for Tgfbr2 in the disappearance of medial edge epithelium during palatal fusion. *Dev Biol.* 2006, 297(1):238-248.

Yan M, Wang LC, Hymowitz SG, Schilbach S, Lee J, Goddard A, de Vos AM, Gao WQ, Dixit VM. Two amino acid molecular switch in an epithelial morphogen that regulates binding to two distinct receptors. *Science.* 2000, 290:523-527.

Yan M, Zhang Z, Brady JR, Schilbach S, Fairbrother WJ, Dixit VM. Identification of a novel death domain-containing adaptor molecule for ectodysplasin-A receptor that is mutated in crinkled mice. *Curr Biol.* 2002, 12:409-413.

Yamagishi H, Maeda J, Hu T, McAnally J, Conway SJ, Kume T, Meyers EN, Yamagishi C, Srivastava D. Tbx1 is regulated by tissue-specific forkhead proteins through a common Sonic hedgehog-responsive enhancer. *Genes Dev.* 2003, 17(2):269-281.

Yamaguchi TP, Bradley A, McMahon AP, Jones S. A Wnt5a pathway underlies outgrowth of multiple structures in the vertebrate embryo. *Development.* 1999, 126: 1211-1223.

Yamamoto H, Cho SW, Song SJ, Hwang HJ, Lee MJ, Kim JY, Jung HS. Characteristic tissue interaction of the diastema region in mice. *Arch Oral Biol.* 2005, 50:189-198.

Yamashiro T, Aberg T, Levanon D, Groner Y, Thesleff I. Expression of Runx1, -2 and -3 during tooth, palate and craniofacial bone development. *Gene Expr Patterns.* 2002, 2(1-2):109-112.

Yamashiro T, Tummers M, Thesleff I. Expression of Bone Morphogenetic Proteins and Msx Genes during Root Formation. *J Dent Res.* 2003, 82(3):172-176.

Yao S, Prpic V, Pan F, Wise GE. TNF-alpha upregulates expression of BMP-2 and BMP-3 genes in the rat dental follicle-implications for tooth eruption. *Connect. Tissue Res.* 2010, 51:59-66.

Yi SE, Daluiski A, Pederson R, Rosen V, Lyons KM. The type I BMP receptor BMPRIB is required for chondrogenesis in the mouse limb. *Development.* 2000, 127:621-630.

Yokouchi Y, Sakiyama J, Kameda T, Iba H, Suzuki A, Ueno N, Kuroiwa A. BMP2/-4 mediate programmed cell death in chicken limb *buds*. *Development*. 1996, 122:3725-3734.

Yu L, Gu S, Alappat S, Song Y, Yan M, Zhang X, Zhang G, Jiang Y, Zhang Z, Zhang Y, Chen Y. Shox2-deficient mice exhibit a rare type of incomplete clefting of the secondary palate. *Development*. 2005, 132(19):4397-4406.

Yuan GH, Zhang L, Zhang Y, Fan MW, Bian Z, Chen Z. Mesenchyme is responsible for tooth suppression in the mouse lower diastema. *J Dent Res*. 2008, 87:386-390.

Zhang Q, Murcia NS, Chittenden LR, Richards WG, Michaud EJ, Woychik RP, Yoder BK. Loss of the Tg737 protein results in skeletal patterning defects. *Dev Dyn*. 2003a, 227(1):78-90.

Zhang X, Ramalho-Santos M, McMahon AP. Smoothened mutants reveal redundant roles for Shh and Ihh signaling including regulation of L/R symmetry by the mouse node. *Cell*. 2001, 106:781-792.

Zhang Y, Wang S, Song Y, Han J, Chai Y, Chen Y. Timing of odontogenic neural crest cell migration and tooth-forming capability in mice. *Dev Dyn*. 2003b, 226(4):713-718.

Zhang Y, Zhang ZY, Zhao X, Yu X, Hu Y, Geronimo B, Fromm SH, Chen Y. A new function of BMP4: Dual role for BMP4 in regulation of Sonic hedgehog expression in the mouse tooth germ. *Development*. 2000, 127:1431-1443.

Zhang Y, Zhao X, Hu Y, St. Amand T, Zhang M, Ramanurthy R, Qiu MS ChenY. Msx1 is required for the induction of Patched by Sonic hedgehog in the mammalian tooth germ. *Dev Dyn*. 1999, 215:45-53.

Zhang Z, Song Y, Zhang X, Tang J, Chen J, Chen Y. Msx1/Bmp4 genetic pathway regulates mammalian alveolar bone formation via induction of Dlx5 and Cbfa1. *Mech Dev.* 2003c, 120:1469-1479.

Zhang Z, Song Y, Zhao X, Zhang X, Fermin C, Chen Y. Rescue of cleft palate in Msx1-deficient mice by transgenic Bmp4 reveals a network of BMP and Shh signaling in the regulation of mammalian palatogenesis. *Development.* 2002, 129(17):4135-4146.

Zhao GQ, Deng K, Labosky PA, Liaw L, Hogan BLM. The gene encoding bone morphogenetic protein 8B (BMP8B) is required for the initiation and maintenance of spermatogenesis in the mouse. *Genes Dev.* 1996, 10:1657-1669.

Zhao X, Zhang Z, Song Y, Zhang X, Zhang Y, Hu Y, Fromm SH, Chen Y. Transgenically ectopic expression of Bmp4 to the Msx1 mutant dental mesenchyme restores downstream gene expression but represses Shh and Bmp2 in the enamel knot of wild type tooth germ. *Mech Dev.* 2000, 99(1-2):29-38.

Zimmerman EF, Wee EL. Role of neurotransmitters in palate development. *Curr Top Dev Biol.* 1984,19:37-63.

Zou H, Wieser R, Massaque J, Niswander L. Distinct roles of type I bone morphogenetic protein receptors in the formation and differentiation of cartilage. *Genes Dev.* 1997, 11:2191-2203.

Zucchero TM, Cooper ME, Maher BS, Daack-Hirsch S, Nepomuceno B, Ribeiro L, Caprau D, Christensen K, Suzuki Y, Machida J, Natsume N, Yoshiura K, Vieira AR, Orioli IM, Castilla EE, Moreno L, Arcos-Burgos M, Lidral AC, Field LL, Liu YE, Ray

A, Goldstein TH, Schultz RE, Shi M, Johnson MK, Kondo S, Schutte BC, Marazita ML, Murray JC. Interferon regulatory factor 6 (IRF6) gene variants and the risk of isolated cleft lip or palate. *N Engl J Med.* 2004, 351(8):769-780.

致谢

随着毕业论文的完成,我的校园生活也渐渐地接近尾声,在读研的道路上一路狂奔了六年,一直到写完论文主体,该写致谢了,才有空坐下来回头好好看看走过的路,其中的苦涩与艰辛似乎已经开始忘记,脑海中闪过的却是那一张张熟悉的面孔。可能与许多同学有所不同,我读研生涯比较奔波,从湘雅来到武汉完成了基础课程学习后,就奔赴福州学习,半年后又回到武汉,觉得刚刚适应了不久,又去了美国新奥尔良,一直到完成博士论文,这样的经历让我有更多的老师、朋友和同学要感谢。

首先,我要感谢我的两位导师:陈智老师和陈一平老师,感谢他们对我的科研和生活上的帮助。尤其对我产生震撼影响的是他们的人格魅力,他们的风度,智慧,宽容,大度,细心,对学生的照顾,对朋友的义气,当然在此也要感谢两位德才兼备的师母,如果日后我的幸福能企及他们的一半,都将是我的荣幸。父母给我更多是照顾和牵挂,与两位导师的相处让我真正地成长了起来,对科研,对生活,对自己都有了全新的认识。我还要感谢张彦定老师,在福建学习的半年是我研究生生涯最快乐的时光,在张老师的指导下,学习了许多实验技能和科研的思维。

在读研究生期间,樊明文老师在学习和生活上给了我许多帮助和指导。樊老师敏锐的思维和来自思想深处的智慧对我产生的影响,让我觉得他是长辈是良师,更像是益友,不管何时何地都可以与樊老师畅所欲言,也许在他的不经意间我的许多困惑就解开了。感谢张旗老师对我在实验上的帮助。张老师身上有太多值得我学习的东西,她就像一位大姐姐一样关心着我的生活和学业,给我许多诚恳的建议和鼓励,让我受益匪浅。此外,还要特别感谢边专院长,陈新明、杜明权、吕琳等各位院领导和院老师,实验室熊卫星老师等各位师长给我的指导和帮助。

感谢武汉所有小组成员,特别感谢张露师姐和袁国华师姐给予的帮助和关心,感谢华芳、崔春、李秋慧、吴玲、胡珂等师姐,感谢郑红霞、郑宝玉、纪伟、方平娟等各位姐妹,感谢林恒、王锦、席巧玲、刘欢、李莎等师弟师妹们。很骄傲在这样的小组中成长,不管身在何处都相互勉励相互帮助,永远像一家人一样。感谢孙志军、叶晓茜、杨国斌、张峰、刘畅、尹伟、李玲等各位师兄师姐同学一路以来的帮助。感谢邵喆、杨邵东从长沙到武汉的一路相伴和照顾。感谢在一起共同度过了不是很青春但依然很精彩的岁月的兄弟姐妹们:陈东、周洁、向军波、陈卓、杨亚萍、许莉莉等。在此,特别感谢我的挚友刘高霞和潘明慧,感谢她们对我的耐心和鼓励。不管我人在何处,身在何境,她们关切的目光都一路陪伴着我,从未停止。

感谢那些在福建和我一同战斗的兄弟姐妹们:李丽文、唐清皇、邱育森、林政、林燕燕、林凤珠、他们的热情和真诚的帮助,让我从心底里感觉到福州都有我的亲人。

感谢美国的各位小组成员:林敏魁、王英、贺风雷、熊薇,Ramon、刘超、孙诚、叶文铎、刘宏宾、陈朝辉。感谢我在美国的朋友:Lindsay, Karla 和 Chris 一家,他们让我的每个感恩节都像美国学生一样有家可回,他们让我认识新奥尔良,爱上新奥尔良,通过他们我更了解了美国。

最后,我要感谢我的父母,是他们最无私的爱和无条件的信任,支持着我能跟随自己的心声追求幸福的生活,我对他们的感激是无法用言语表达的,只能努力让自己幸福,更幸福。

时间流逝,武汉的热干面、福州的芒果味我都快记不得了,我知道有一天新奥尔良的 Mardi Gras, Jazz, crawfish, ass big beer on bourbon street 也会在记忆里慢慢变淡。但是,我也知道,不管我走到哪里,老师和家人的期望,朋友们鼓励的眼光,永远不会在记忆里变得模糊,并且随着时间的流逝,我更加明白了这其中的价值和意义。

李　璐

2011 年 5 月

武汉大学优秀博士学位论文文库

已出版：

- 基于双耳线索的移动音频编码研究／陈水仙　著
- 多帧影像超分辨率复原重建关键技术研究／谢伟　著
- Copula函数理论在多变量水文分析计算中的应用研究／陈璐　著
- 大型地下洞室群地震响应与结构面控制型围岩稳定研究／张雨霆　著
- 迷走神经诱发心房颤动的电生理和离子通道基础研究／赵庆彦　著
- 心房颤动的自主神经机制研究／鲁志兵　著
- 氧化应激状态下维持黑素小体蛋白低免疫原性的分子机制研究／刘小明　著
- 实流形在复流形中的全纯不变量／尹万科　著
- MITA介导的细胞抗病毒反应信号转导及其调节机制／钟波　著
- 图书馆数字资源选择标准研究／唐琼　著
- 年龄结构变动与经济增长：理论模型与政策建议／李魁　著
- 积极一般预防理论研究／陈金林　著
- 海洋石油开发环境污染法律救济机制研究／高翔　著
  ——以美国墨西哥湾漏油事故和我国渤海湾漏油事故为视角
- 中国共产党人政治忠诚观研究／徐霞　著
- 现代汉语属性名词语义特征研究／许艳平　著
- 论马克思的时间概念／熊进　著
- 晚明江南诗学研究／张清河　著
- 社会网络环境下基于用户关系的信息推荐服务研究／胡吉明　著
- “氢-水”电化学循环中的非铂催化剂研究／肖丽　著
- 重商主义、发展战略与长期增长／王高望　著
- C-S-H及其工程特性研究／王磊　著
- 基于合理性理论的来源国形象研究：构成、机制及策略／周玲　著
- 马克思主义理论的科学性问题／范畅　著
- 细胞抗病毒天然免疫信号转导的调控机制／李颖　著
- 过渡金属催化活泼烷基卤代物参与的偶联反应研究／刘超　著
- 体育领域反歧视法律问题研究／周青山　著
- 地球磁尾动力学过程的卫星观测和数值模拟研究／周猛　著
- 基于Arecibo非相干散射雷达的电离层动力学研究／龚韵　著
- 生长因子信号在小鼠牙胚和腭部发育中的作用／李璐　著
- 农田地表径流中溶质流失规律的研究／童菊秀　著